Schriften
der Wissenschaftlichen Gesellschaft in Straßburg
28. Heft

Die Ergebnisse der geologischen Forschungen in Elsaß-Lothringen und ihre Verwendung zu Kriegszwecken

Vortrag
in der Mitgliederversammlung der Wissenschaftlichen
Gesellschaft in Straßburg am 19. Februar 1916

von

Leopold van Werveke

Straßburg
Karl J. Trübner
1916

Die Ergebnisse der geologischen Forschungen in Elsaß-Lothringen und ihre Verwendung zu Kriegszwecken

Vortrag

in der Mitgliederversammlung der Wissenschaftlichen Gesellschaft in Straßburg am 19. Februar 1916

von

Leopold van Werveke

Mit 16 Zeichnungen und 1 Tafel

Straßburg
Karl J. Trübner
1916

Druck von M. DuMont Schauberg, Straßburg.

Inhalt.

I.

II.

III.

Die Ergebnisse der geologischen Forschungen in Elsaß-Lothringen und ihre Verwendung zu Kriegszwecken.

Vortrag[1]) in der Mitgliederversammlung der Wissenschaftlichen Gesellschaft in Straßburg i. E. am 19. Februar 1916.

Von Geh. Bergrat Dr. L. van Werveke.

Mit 16 Zeichnungen und 1 Tafel.

I.

M. H.

Die Anregung zu dem heutigen Vortrag ging von dem Vorsitzenden unserer Gesellschaft, Herrn Professor Dr. Bresslau, aus, der den Gegenstand mit Rücksicht auf den Umstand gewählt hat, daß ich in Zeitungsaufsätzen die Bedeutung der Geologie für die Kriegsführung hervorgehoben habe und daß ich mehrfach zu geologischen Untersuchungen an der Westfront herangezogen worden bin. Der Gegenstand schien mir zunächst zu einem Vortrag vor der Wissenschaftlichen Gesellschaft nicht geeignet, weil er mehr praktischer als wissenschaftlicher Natur ist. Dann überwog aber mein Bedenken der Gedanke, daß die Stelle, von der aus der Gegenstand zu behandeln war, wohl nicht ohne Einfluß auf den Erfolg der Bestrebungen zur Einführung der Geologie in die Kriegsführung sein werde. Er vollzieht sich ja auch im Rahmen der Worte, die über dem Eingang zu unserem hohen Hause prangen, litteris et patriae, und soll zeigen, wie dem Vaterland in schwerer Zeit durch eine, in Bezug auf Kriegsführung bisher ziemlich beiseite stehende und zum Teil beiseite geschobene Wissenschaft[2]) gedient werden kann.

[1]) Die Ausarbeitung wurde beim Vortrag für den 1. Teil, wenn auch nur unwesentlich, gekürzt; da dieser trotzdem $1\frac{1}{4}$ Stunden in Anspruch nahm, konnte der Inhalt des 2. Teiles nur angedeutet werden.

[2]) s. Anhang unter 1.

Deutschland hat sich seit 1871 auf den gegenwärtigen Krieg beständig vorbereitet und hat dadurch den Frieden während 43 Jahren erhalten. Die Vorbereitungen wurden um so kräftiger durchgeführt, je enger der Kreis unserer Feinde sich in Neid, Rachsucht und Raubgier zusammenschloß mit der deutlichen Absicht, uns zu vernichten. Wenn die Geologen sich heute bemühen, die Geologie als eine Grundlage der Kriegsführung einzuführen, so ist die Frage berechtigt, ob auch in der vorhergehenden Friedenszeit die nötigen Schritte in dieser Richtung erfolgt sind. Die Frage kann bis zu einem gewissen Grade mit Nein und bis zu einem anderen Grade mit Ja beantwortet werden.

Die Geologie sieht als Wissenschaft auf ein verhältnismäßig jugendliches Alter zurück. Sie ging aus dem praktischen Bergbau hervor, aus dem Bedürfnis, die bei diesem gemachten Beobachtungen zu sammeln und ihre Zusammenhänge zu erkennen. Ihre Wiege stand denn auch im Erzgebirge, in dem Bergmannsstädtchen Freiberg, wo Abraham Gottlob Werner im Jahre 1780, also vor nunmehr 136 Jahren, seine erste Vorlesung über Gesteinslehre hielt, die er bald nachher unter dem Namen Geognosie in die Wissenschaft einführte. Der Name Geologie ist jünger, auch wird er umfassender gebraucht, denn unter ihm versteht man nicht nur die Kenntnis des Aufbaues der Erde, streng genommen die Geognosie, sondern auch die Erklärung dieses Aufbaues aus seiner Entstehung.

Dem verhältnismäßig jugendlichen Alter ist es, wenigstens zum Teil, zuzuschreiben, daß man der Geologie in der Kriegsführung noch nicht diejenige Aufmerksamkeit widmet, die sie in vollem Maße verdient, dann aber auch dem Umstande, daß sie, obgleich aus einem bestimmten praktischen Zweige hervorgegangen, erst spät in andere Zweige der Praxis Eingang fand. Die Geologie ist noch nicht so tief wie andere Naturwissenschaften ins Bewußtsein weiterer Kreise eingedrungen. Eine Zeitschrift für praktische Geologie wurde erst im Jahre 1893 gegründet. Wegen der Verwendung der Geologie zu Kriegszwecken finden wir aber die ersten Anregungen erst im Jahre 1913 in einem Aufsatz [1]) des damaligen Hauptmanns z. D., heute Majors z. D. Kranz. Er kann als Schöpfer der Kriegsgeologie gelten, denn diese Bezeichnung können wir heute schon mit Recht gebrauchen. Bei Kriegsbeginn waren wir aber nicht so vorbereitet, wie wir es hätten sein können, denn es fehlten die Heeres- oder Kriegsgeologen. Auch waren wir, was als Lehre für später dienen muß, an der Grenze mit den geologischen Aufnahmen zu weit im Rückstand. Wir müssen in Zukunft von der Grenze nach dem Innern des Landes zu arbeiten, nicht umgekehrt, wie dies bisher hauptsächlich geschehen ist.

---

[1]) Militärgeologie. — Kriegstechnische Zeitschrift 1913, Heft 10.

In bezug auf Geologie bestand eine Lücke in der großen wissenschaftlichen Grundlage, auf der wir den Riesenkampf aufgebaut haben. Herr Kranz hat seine Bemühungen nach Ausbruch des Krieges fortgesetzt und hat darin eine ganze Reihe von Nachfolgern gefunden, die ihre Ansichten und Vorschläge in ziemlich zahlreichen, sehr zerstreuten Veröffentlichungen niedergelegt haben. Ich selbst habe mich an den Bestrebungen beteiligt, habe sogar etwas gebremst und vor Überschätzung gewarnt[1]). „Durch diese werden zu leicht Mißerfolge gezeitigt, die gern aufgebauscht werden und der Sache mehr schaden, als eine größere Anzahl schöner Erfolge nützen."

Ganz unvorbereitet waren wir aber doch nicht. Die Wissenschaft faßt ihren Gegenstand nicht einseitig, sondern möglichst vielseitig ins Auge, und dadurch sind unsere Untersuchungen nicht Vorbereitungen nach einer einzigen, sondern nach möglichst vielen Richtungen, und als der Krieg ausbrach, so waren sie es auch für diesen. Ebensowenig wie jede andere Wissenschaft ist die Geologie außerdem an politische Grenzen gebunden, und in Friedenszeit haben unsere Geologen ihre Tätigkeit auf dem ganzen Erdenrund ausgeübt. Dementsprechend haben wir an der Geologischen Landesanstalt immer ein besonderes Augenmerk auf unser westliches Nachbargebiet gehabt. Die Tatsachen, die dort festgestellt, sowie die Fortschritte, die dort erzielt wurden, haben wir ebenso gebucht wie die Feststellungen im eigenen Lande. Das beweisen unsere Literaturverzeichnisse und manche wissenschaftliche Veröffentlichungen.

Nach außen kommen die Ergebnisse der geologischen Forschungen durch Sammlungen, Bücher und Karten zum Ausdruck. Die Karten und die zugehörigen Erläuterungen sind das wichtigste Rüstzeug des Geologen, und nur auf diese will ich daher etwas näher eingehen, auch beschränke ich mich auf das Reichsland. Geologische Karten sind ein Bild, das der aufnehmende Geologe durch seine Begehungen vom Bau der dargestellten Gegend erhalten hat, und das dessen Ansicht in ganz bestimmter Form zum Ausdruck bringt. Das Bild ist abhängig vom Stand der Wissenschaft, von den vorhandenen Aufschlüssen, Wegen und Fußpfaden[2]), von den Erfahrungen und dem Fleiß des aufnehmenden Geologen, von der Zeit und den Mitteln, welche auf die Aufnahmen verwendet werden konnten, und in hohem Maße von den zur Verfügung stehenden topographischen Grundlagen. Nur von diesen Gesichtspunkten aus darf eine geologische Karte beurteilt und benutzt werden, also immer mit einer gewissen Vorsicht. Wer in ihnen eine in allen Dingen genaue Darstellung

---

[1]) Militärgeologie im Frieden und im Kriege. — Straßburger Post, 1915, 25. 3., No. 208. Ein Beitrag zur Kriegsgeologie — Ebenda 1915, 18. 9., No. 708.

[2]) Durch seine zahlreichen Pfadanlagen hat der Vogesenklub der geologischen Untersuchung großen Vorschub geleistet, ganz besonders in den Vogesen.

sucht, wird oft enttäuscht werden und leicht das Zutrauen in geologische Karten verlieren, wer aber ihre Entstehung berücksichtigt, wird Fehler, die durch bessere Aufschlüsse aufgedeckt werden, verstehen und entschuldigen, ohne gleich das Ganze zu verwerfen. Selbst bei bestem Willen und Können ist es oft in einfachen, geschweige denn in geologisch verwickelten Gebieten nicht möglich, eine fehlerfreie Darstellung zu geben. Dies gilt besonders bei ungenauer topographischer Grundlage. So habe ich bei der Zeichnung der geologischen Übersichtskarte der südlichen Hälfte des Großherzogtums Luxemburg die unangenehmsten Erfahrungen gemacht, und sehr oft habe ich mir zwischen Wahrheit und Dichtung durchhelfen müssen, so gut oder so schlecht es eben ging. Sogar mit unseren Meßtischblättern sind die Erfahrungen nicht immer erfreuliche, vor allem mit den Nachträgen.

Die geologischen Karten haben, wie alles in Natur und Wissenschaft, eine langsame Entwickelung durchgemacht, von geringen Anfängen bis zu großer Vollkommenheit. Die ältesten Versuche waren lediglich Schwarzdrucke. Heute verwendet man diese Darstellung nur für Übersichtskärtchen in kleinem Maßstab, die Karten größeren Maßstabes sind alle in Buntdruck hergestellt.

Auf eine Besprechung der einzelnen Entwickelungsstufen [1]) kann ich nicht eingehen. Ich beschränke mich darauf, von älteren Karten auf die im Jahre 1840 fertiggestellte, von Dufrénoy und Él. de Beaumont aufgenommene Carte géologique de la France hinzuweisen. Der Maßstab ist ungefähr 1:500000. Durch Farben- und Buchstabenbezeichnungen sind für ganz Frankreich und angrenzende Gebiete nur 39 Abteilungen unterschieden. Die zugehörige Explication, die 1841 in zwei Bänden erschienen ist und von denselben Herren herrührt, kann auch heute noch als ein Muster großzügiger geologischer und daraus abgeleiteter geographischer Beschreibungen gelten. Die Vogesen, als Ganzes natürlich, nicht vom Kamm ab, sehen sie als Wall an, der Lothringen gegen Deutschland schützt. Dementsprechend müssen auch wir die Vogesen nur als Ganzes als Schutzwall des Elsasses gegen Frankreich anerkennen.

Acht bis sechszehn Jahre jünger sind die Karten, welche 1871 zur Verfügung standen, als das Reichsland Elsaß-Lothringen gegründet wurde und welche auch heute noch für einzelne Teile des Landes die einzige zur Verfügung stehende geologische Grundlage sind. Es sind Karten der einzelnen Departemente, die auf Grund einer Aufforderung des Generaldirektors der Brücken und Straßen vom 30. August 1835 angefertigt worden

---

[1]) Für die Umgebung von Mülhausen habe ich die Entwickelung der geologischen Karten im Jahre 1904 in den Mitteilungen der Philomathischen Gesellschaft in Elsaß-Lothringen, Bd. III, Jahrg. 12, S. 137—150 besprochen.

waren. Als topographische Grundlage dienten die Karten des französischen Generalstabes im Maßstab 1:80000.

Es wurden veröffentlicht:

1848. E. de Billy, Carte géologique du département des Vosges, in 4 Blättern 1:80000.

1852. A. Daubrée, Carte géologique du département du Bas-Rhin, in 4 Blättern 1:80000; gleichzeitig ein Band Text mit einer Übersichtskarte 1:200000 und 5 Tafeln Ansichten, Profile usw.

1855. J. Levallois, Carte géologique du département de la Meurthe, in 4 Blättern 1:80000.

1866. J. Köchlin-Schlumberger et J. Delbos, Carte géologique du département du Haut-Rhin, in 4 Blättern 1:80000. Dazu 2 Bände Text und 4 Tafeln Profile. Die Arbeit wurde von Köchlin-Schlumberger begonnen und nach dessen 1863 erfolgtem Tode von Delbos beendet.

1866. Reverchon, Carte géologique du département de la Moselle, in 4 Blättern 1:80000. Nach Reverchons Tode (1866) von E. Jacquot herausgegeben und durch einen Band Text unter Mitwirkung von O. Terquem und Barré erläutert (erschien 1868).

„Wo keine zusammenhängende geologische Beschreibung der Karte beigegeben ist, wie bei denen der Departements der Vogesen und der Meurthe, da findet sich doch, besonders für letzteres, eine Anzahl einzelner Aufsätze der betreffenden Autoren in Zeitschriften zerstreut, welche hinreichenden Aufschluß über die Auffassung geben, die bei der Anfertigung der Karten maßgebend war.

Das Gebiet der Karte des Niederrheins fällt ganz in die Grenzen des heutigen Reichslandes, ebenso das des Oberrheins, mit alleiniger Ausnahme der südwestlich gelegenen Umgebungen von Belfort. Seinem größten Teile nach ist das Departement der Mosel, nur zu einem geringeren das der Meurthe deutsch geworden; jenes mit Ausnahme eines westlichen Streifens, dieses mit Ausnahme der südlichen und südwestlichen Gegenden. Vom Departement der Vogesen sind nur die Cantone Schirmeck und Saales an Deutschland gefallen [1].“

So wertvoll auch viele Angaben in den zugehörigen Beschreibungen waren und, besonders in bezug auf Erzvorkommen, noch heute sind, so genügten die Karten selbst nicht allen Ansprüchen und verlangten einen Ersatz. Für diesen zu sorgen und überhaupt eine eingehende geologische Untersuchung des Landes durchzuführen, war auf Anregung der Professoren Benecke und Groth am 12. Mai 1873 vom damaligen Oberpräsidenten von

---

[1]) Nach E. W. Benecke und H. Rosenbusch, Einleitende Bemerkungen über die neue geologische Landesaufnahme von Elsaß-Lothringen. — Abhandl. z. geol. Spezialk. Bd. 1, Heft 1, Staßburg 1875.

Moeller die „Comission für die geologische Landes-Untersuchung und Kartierung von Elsass-Lothringen“ eingesetzt worden. Daß der Ersatz nur in demselben Maßstab ausgeführt werden könne, wie die in Ausführung begriffene neue Karte von Preußen, das in dieser Hinsicht vorbildlich vorgegangen war, nämlich in 1:25000, stand von vornherein außer Zweifel. Aber schon bevor die nötigen Meßtischblätter zur Verfügung standen, war, mit Rücksicht auf bergmännische Interessen, die Aufnahme der Geologischen Übersichtskarte des westlichen Deutsch-Lothringen in Angriff genommen worden. Sie wurde im Jahre 1886 veröffentlicht[1]). Ein Jahr später (1887) erfolgte die Veröffentlichung der Geologischen Übersichtskarte der südlichen Hälfte des Großherzogtums Luxemburg[2]), welche den Zweck hatte, die Verbindung der geologischen Aufnahmen in Lothringen mit denen der Rheinprovinz herzustellen. Sie ermöglichte es, die Spaltensysteme der Rheinprovinz und Lothringens zu einem einheitlichen Ganzen zu verbinden. Der Maßstab beider Karten ist 1:80000. Die topographische Grundlage für die Karte von Lothringen war eine Neuzeichnung mit Höhenlinien von 20 zu 20 m auf Grund der Meßtischblätter. Der Karte von Luxemburg lagen Blätter der topographischen Schraffurkarte zugrunde, welche von Dechen für seine Karte der Rheinprovinz benutzt hatte. Im Jahre 1892 wurde eine Geologische Übersichtskarte[3]) von Elsaß-Lothringen im Maßstab 1:500000 von E. W. Benecke herausgegeben. Sie stützte sich zum Teil auf die alten Departementskarten, zum Teil auf Neuaufnahmen. Die Kommission war inzwischen, im Jahre 1890, durch eine Direktion ersetzt worden[4]). Als erste Karte in 1:25000 erschien im Jahre 1883 eine von Schumacher bearbeitete geologische-agronomische Karte der Umgebung von Straßburg, jedoch auf einer älteren topographischen Grundlage, nicht auf dem Meßtischblatt. Die ersten Blätter der Geologischen Spezialkarte

[1]) Aufgenommen von E. W. Benecke, G. Meyer, E. Schumacher, G. Steinmann, Br. Weigand und L. van Werveke. Zusammengestellt von L. van Werveke. Mit Erläuterungen von Steinmann, Schumacher und van Werveke. Straßburg 1886.

[2]) Aufgenommen von L. van Werveke. Mit Erläuterungen von demselben. Straßburg i. Els. 1887.

[3]) Nach den vorhandenen Karten und den Mitteilungen der Herren Andreae, Bücking, Cohen, Deecke, Förster, Gerhard, Schumacher, van Werveke sowie nach eigenen Beobachtungen zusammengestellt von E. W. Benecke. Straßburg i. Els. 1892.

[4]) Am 21. 4. 1914 wurde eine Änderung der Geschäftsführung in der Art eingeführt, daß an Stelle eines Direktors und eines stellvertretenden Direktors ein Vorstand vorgesehen wurde — als welcher seit 1. 5. 1914 Geh. Bergrat Dr. L. van Werveke tätig ist — dem die gesamte Geschäftsführung und die Leitung der Anstalt zusteht. Zur wissenschaftlichen und technischen Beratung wurde der Geologischen Landesanstalt ein Beirat zugesellt, der aus nachstehenden Mitgliedern bestehen soll: 1. dem ordentlichen Professor für Geologie und Paläontologie, 2. dem ordentlichen Professor für Mineralogie und Petrographie, 3. einem Vertreter der landwirtschaftlichen Verwaltung, 4. einem Vertreter der Meliorationsbauverwaltung, 5. einem Vertreter der Forstverwaltung, 6. einem Vertreter der Bergverwaltung und 7. dem Direktor der Hauptstation für Erdbebenforschung.

Zeichnung 1. **Geologische Karte von Elsaß-Lothringen in 1:25 000.**

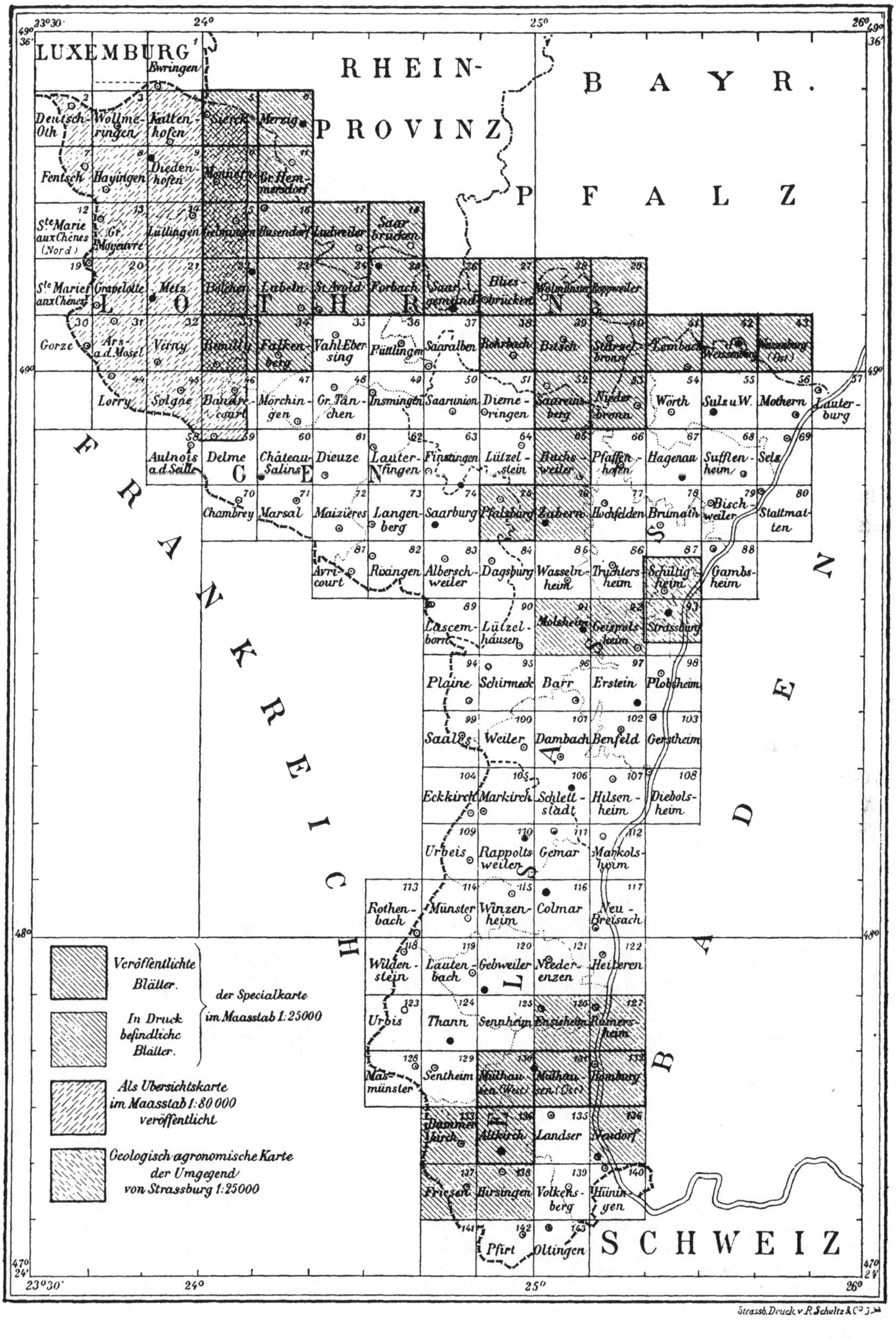

Strassb. Druck v. R. Schultz & Co.

von Elsaß-Lothringen, oder wie sie künftig benannt wird, der Geologischen Karte von Elsaß-Lothringen im Maßstab 1:25000, gelangten im Jahre 1887 zur Ausgabe. Es waren dies Gelmingen und Monneren. Topographische Grundlage sind die Meßtischblätter. Es folgten bis jetzt 30 Blätter, die Herausgabe weiterer 8 Blätter steht bevor[1]. Die Gliederung der Ablagerungen ist auf ihnen soweit wie möglich durchgeführt, wie man sofort an der Zahl der Farbenschildchen erkennt; sie beträgt z. B. für Blatt Zabern, das von Schumacher aufgenommen ist, 74. Jedem Blatt ist ein Heft Erläuterungen beigefügt.

Es ist nicht jedermanns Sache, Karten mit Höhenlinien zu lesen und aus diesen ein Bild der Landschaft zu gewinnen. In dieser Beziehung sind die Reliefkarten ein großer Fortschritt, welche Herr Buchbinder Eisinger in Straßburg seit einigen Jahren anfertigt. Ohne Überhöhung, also in demselben Maßstab der Länge und der Höhe, tritt uns hier das Gelände entgegen und die Abhängigkeit seiner Gestaltung vom geologischen Bau. Von älteren plastischen Karten haben diese neuen Karten den Vorzug, daß das geologische Blatt unverletzt über den nach den Höhenlinien erhaben ausgearbeiteten Untergrund ausgebreitet ist.

Bei der geringen Zahl der zur Verfügung stehenden Kräfte, und weil technische Fragen, besonders solche der Wasserversorgung, in steigendem Maße gelöst werden mußten, weil es ferner trotz aller Bemühungen nicht gelang, die Zahl der an der Geologischen Landesanstalt beschäftigten Kräfte zu vermehren, wurde mit der Herausgabe einer geologischen Übersichtskarte[2] im Maßstab 1 : 200 000 begonnen, durch welche es möglich schien, früher als dies durch die Karte 1 : 25 000 geschehen konnte, eine zu vielen Zwecken genügende geologische Darstellung des Landes zu geben. Die geologische Zeichnung beschränkt sich aber nicht auf das Reichsland, sondern greift auf die Nachbargebiete über, auf die deutschen und auf die französischen. Wie Blatt Pfalzburg dieser Karte zeigt, ist der Anschluß nach dieser letzteren Seite oft ein recht mangelhafter, immerhin bietet auch die Darstellung des französischen Anteils manches Brauchbare. Dabei ist aber besonders die Begriffsbestimmung nicht aus dem Auge zu lassen, welche ich eingangs von den geologischen Karten gegeben habe. Die französischen Karten haben nicht soviel Schweiß gekostet wie die deutschen. Jedem geologischen Blatt der Karte 1 : 200 000 ist ein tektonisches beigefügt, in welchem die Lagerungsverhältnisse der Schichten durch Höhenlinien für bestimmte Schichtgrenzen eingetragen sind. Sie sind in derselben

---

[1]) Vgl. die Übersicht auf Seite 7. Sämtliche von der Geologischen Landesanstalt herausgegebenen Karten sind im Verlag der Simon Schropp'schen Landkartenhandlung, Inhaber Herr E. Schmersahl in Berlin W, Dorotheenstr. 53, veröffentlicht worden.

[2]) Vgl. die Übersicht auf S. 9.

Zeichnung 2.

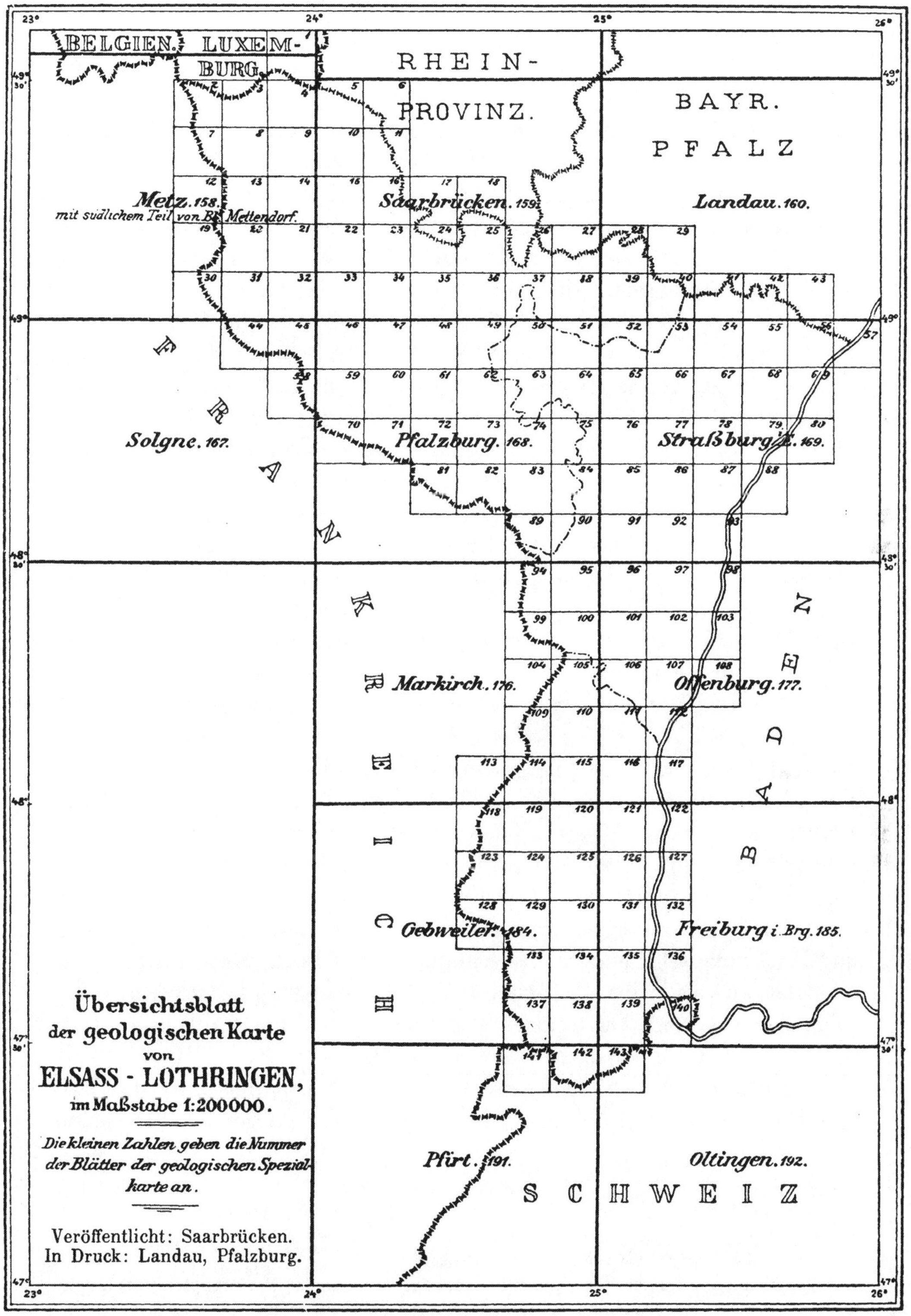
BELGIEN.
LUXEMBURG.
RHEIN-PROVINZ.
BAYR. PFALZ
Metz. 158.
mit südlichem Teil von Bl. Mettendorf.
Saarbrücken. 159.
Landau. 160.
Solgne. 167.
Pfalzburg. 168.
Straßburg i. E. 169.
FRANKREICH
Markirch. 176.
Offenburg. 177.
BADEN
Gebweiler. 184.
Freiburg i. Brg. 185.
Pfirt. 191.
Oltingen. 192.
SCHWEIZ
Übersichtsblatt
der geologischen Karte
von
ELSASS - LOTHRINGEN,
im Maßstabe 1:200000.
Die kleinen Zahlen geben die Nummer der Blätter der geologischen Spezialkarte an.
Veröffentlicht: Saarbrücken.
In Druck: Landau, Pfalzburg.

Weise zu lesen, wie die topographischen Höhenlinienkarten[1]). Jedes Blatt umfaßt das Gebiet von 30 Meßtischblättern. Dadurch sind auch die Erläuterungen, z. B. für Blatt Saarbrücken, umfangreicher als für die Blätter der Karte 1 : 25 000. Leider ist auch die Herausgabe dieser Karte ins Stocken geraten. Veröffentlicht ist nur Blatt Saarbrücken; im Druck fertig, aber ohne Erläuterungen, sind Landau und Pfalzburg.

Als Hilfskarte zu geologischen Zwecken dient die Höhenschichtenkarte von Elsaß-Lothringen im Maßstab 1 : 200 000, die mit Begleitworten, welche von mir verfaßt sind, im Jahre 1906 veröffentlicht wurde. Man sieht aus ihr ganz deutlich, daß es ein Unding ist, die Vogesen gegen Norden weiter reichen zu lassen, als zum Paß von Zabern. Für den nördlich von diesem gelegenen teils elsässischen, teils bayerischen Teil des Sandsteingebirges habe ich, wie schon einige Forscher vor mir, den Ausdruck Haardt gebraucht. Die allgemeine Einführung dieses Namens wurde durch die Pfälzer vereitelt, indem sie für den pfälzischen Teil den Namen Pfälzer Wald mit großem Eifer verbreiteten. Gerock[2]) lehnt den Ausdruck Haardt ab und schlägt statt dessen den Namen Wasgenwald vor, also als Namen des nördlichen Teils des linksrheinischen Gebirges, nicht als Ersatz für Vogesen, wie dies vielfach geschieht. Ich selbst hatte in den Begleitworten zur Höhenschichtenkarte für das Gebiet zwischen Zinsel und Queich, wo die Felsbildungen im unteren Vogesensandstein besonders schön entwickelt sind, gesagt: „Hier stehen wir im eigentlichen Wasgenwald“ (S. 29.). Vermittelnd wirkt die neue Vogelsche Karte[3]) des Deutschen Reiches 1 : 500 000. Sie bringt für das ganze Sandsteingebirge nördlich des Zaberner Passes den Namen Haardt, daneben die Teilnamen: Wasgenwald und Pfälzerwald[4]). Ich bin mit diesem Vorgang einverstanden, nicht aber mit der neuen Benennung, welche die Karte 1 : 300 000 beschert hat. Es werden auf ihr obere, mittlere und untere Vogesen unterschieden, wobei die letzteren das Gebiet zwischen Zorn und Queich umfassen. Dieser Gliederung und Benennung fehlt jedwede Berechtigung. Den Begleitworten zur Höhenschichtenkarte ist eine tektonische Übersichtskarte des östlichen Lothringen, der Saarbrücker Gegend, der Haardt und des nördlichsten Teils der Vogesen im Maßstab 1 : 400 000 beigefügt.

Als letztes über geologische Karten will ich noch anführen, daß sich eine Übersichtskarte im Maßstab 1 : 400 000 in der Ausarbeitung befindet,

---

[1]) Über Zeichnung der Streichkurven vgl. L. van Werveke, Erläut. zur geolog. Übersichtskarte von Els.-Lothr., 1 : 200 000, Blatt Saarbrücken, S. 8—18.

[2]) Die Benennung und Gliederung des linksrheinischen Gebirges. — Mitteil. Philomathische Ges. in Els.-Lothr. Bd. III, Jahrg. 18, 1910, 251—274 (vgl. S. 273).

[3]) Blätter Zürich und Straßburg. Jahreszahl fehlt.

[4]) Philippson spricht von „Pfälzer“ und „Elsässer Haardt“. — Der französisch-belgische Kriegsschauplatz. Geographische Zeitschrift, Leipzig 1915, 21. Jahrg. 243.

die im Westen bis zum Meridian von Longwy, im Osten zu dem von Tübingen reicht.

Außer in den Karten kommen die Ergebnisse der geologischen Untersuchungen, wie schon gesagt, zum Ausdruck in Sammlungen und Büchern. Die Sammlung der Geologischen Landesanstalt befindet sich, wie diese selbst, im Erdgeschoß des Gebäudes des Mineralogisch-Petrographischen und des Geologisch-Paläontologischen Institutes der Universität. Sie bedarf sehr dringend einer Erweiterung, nicht minder eines besonderen Pflegers. Die Veröffentlichungen in Büchern erfolgen in den „Abhandlungen zur geologischen Spezialkarte von Elsaß-Lothringen" und in den „Mitteilungen der Geologischen Landesanstalt". Die in ihnen[1]) veröffentlichten Arbeiten sind meist wissenschaftlicher Art; eine geringere Zahl beschäftigt sich mit praktischen Fragen. Geologische Karten kleinerer Gebiete sind mehrfach beigefügt[2]). Die erste durch den Krieg bedingte Veröffentlichung bringt das 1. Heft des 10. Bandes der Mitteilungen, einen Vortrag[3]) über Wasserversorgung zwischen Maas und Mosel, den ich am 6. November 1915 in Chambley bei der ersten Versammlung der Geologenstäbe der Armee-Abteilung von Strantz gehalten habe.

Zu welchen Zwecken können wir nun die Ergebnisse geologischer Forschungen verwerten und besonders zu welchen Kriegszwecken?

In erster Linie nenne ich die Trinkwasserversorgung, in deren Nutzen ich den ebengenannten Vortrag gehalten habe. Die Frage der Beschaffung reinen Trinkwassers, die für die Truppen eine außerordentliche Wichtigkeit hat, ist in erster Linie eine geologische; zu ihrer Lösung sind weiter berufen der Techniker und der Hygieniker. Nachdem Geologe und Techniker ihre Vorschläge vorgelegt haben, der erstere unter Berücksichtigung nicht nur der geologischen, sondern auch der chemischen Verhältnisse, soll auch der Hygieniker sein Urteil abgeben. Wenn dann nach erzielter Übereinstimmung die Arbeiten ausgeführt sind, so wird der Hygieniker durch bakteriologische Untersuchungen prüfen, ob das Ergebnis ein zufriedenstellendes ist oder nicht, auch wird ihm weiterhin die Überwachung der Anlage zufallen. Stellen sich später Mißstände ein, so werden von neuem geologische und technische Untersuchungen auszuführen sein. Nicht minder wichtig als die Beschaffung reinen Wassers ist nämlich der

[1]) Beide Veröffentlichungen im Verlage der Straßburger Druckerei und Verlagsanstalt vormals Schulz & Cie., Straßburg i. Els., Judengasse 15. Von den Abhandlungen sind veröffentlicht 5 Bände mit 23 Heften und Neue Folge 6 Hefte, von den Mitteilungen 8 Bände sowie Bd. IX Heft 1 (in Druck Heft 2) und Bd. X Heft 1 (in Druck Heft 2).

[2]) s. Anhang unter 2.

[3]) Mitteilungen der Geologischen Landesanstalt von Elsaß-Lothringen, Straßburg 1916, Bd. 10, 1—59.

Schutz des gefaßten Wassers, bei dem wir aber ebenfalls die Kenntnisse der geologischen Verhältnisse nicht entbehren können. Ich habe sogar bei größeren Wasserleitungen[1]) in bezug auf nachträgliche Verunreinigungen sehr unerfreuliche Beobachtungen gemacht. In wieweit eine Abstellung der Mißstände erfolgt ist, auf welche ich die zuständigen Behörden aufmerksam gemacht habe, ist mir nicht mitgeteilt worden.

In richtiger Erkenntnis der Notwendigkeit des Zusammenwirkens von Geologe und Hygieniker hat der beratende Hygieniker der A. A. Falkenhausen, Herr Oberstabsarzt Professor Dr. von Wasielewski angeregt, mich unter Mitwirkung des Herrn Major Kranz zur geologischen Untersuchung über Wasserversorgung an der lothringischen Front heranzuziehen[2]). Das Ergebnis der auf Grund der Untersuchungen ausgeführten Brunnengrabungen wird mir als ein befriedigendes bezeichnet. Zur eigenen Nachprüfung, an der mir viel gelegen gewesen wäre, bin ich nicht gekommen. Einzelne, vielleicht mögliche Fälle des Mißlingens sind für mich ebenso wichtig, wenn nicht noch wichtiger als die Fälle des Gelingens. Auch in der praktischen Geologie heißt es: Durch Fallen lernt man Gehen. Die begangenen Fehler lehren, späteren Fehlern vorzubeugen. Bei der Fortifikation Straßburg liegt die Wasserbeschaffung jetzt in der Hand von Geologen und eines erfahrenen Technikers. Das erstere gilt auch für die A. A. von Strantz.

Mein Vortrag in Chambley bezog sich auf die Wasserversorgung im Lias, Dogger und Malm, also auf die drei Abteilungen des Juras. Eine eingehendere Behandlung der Frage für die beiden ersten Abteilungen, die ich vor einer ganzen Reihe von Jahren begonnen, die ich dann aber, nicht jedoch aus eigener Schuld, liegen lassen mußte, werde ich sobald wie möglich folgen lassen. Zahlreiche neue Beobachtungen erfordern eine Erweiterung der früheren Bearbeitung.

Wesentlich mannigfaltiger sind die Verhältnisse im Gebiet der A. A. Falkenhausen. Von Westen gegen Osten kommen wir zunächst aus dem Gebiet des Juras in die drei Abteilungen der Trias, den Keuper, Muschelkalk und Buntsandstein mit ihren zahlreichen Unterabteilungen. An der Plaine beginnt unter dem Buntsandstein das Rotliegende hervorzutreten, noch weiter gegen Osten und Südosten bis zum Rand des Gebirges gelangen wir in den noch älteren Kern der Vogesen, in Devon, Cambrium (Steiger und Weiler Schiefer), Gneise und Granite verschiedener Art. Einzelne Kuppen von Buntsandstein sind im östlichen Teil der mittleren Vogesen dem älteren Gebirge aufgesetzt; sie sind die Reste und Zeugen der zusammenhängenden Decke von Buntsandstein, welche früher das Ge-

---

[1]) s. Anhang unter **3**.

[2]) s. Anhang unter **4**.

birge überzog. In allen Unterabteilungen haben wir besondere Bedingungen, unter denen wir die Wasserversorgung zu bewirken haben, in jeder aber immer dieselben. Dadurch werden die an einem Punkte gemachten Erfahrungen auf andere Punkte mit gleichen geologischen Verhältnissen übertragbar. Aus dem Tasten, bei dem leider noch allzuoft der Wünschelrute[1]) die Hauptrolle zugewiesen wird, kommen wir dadurch heraus und gelangen zu einem zielbewußten Vorgehen.

Die Grundsätze, welche in den verschiedenen Unterabteilungen der Trias zu beachten sind, gehen aus meinen an die A. A. abgegebenen Gutachten hervor, und sollen tunlichst bald in erweiterter Form zur Veröffentlichung gelangen, in erster Linie die Versorgung im Salzkeuper. Die Erfahrungen werden dann ein für allemal festgelegt sein. Es ist gerade in dieser Abteilung, der eine große Verbreitung zukommt, nicht allzu schwer, bakteriologisch reines Wasser zu beschaffen, wenn man für eine genügende Überdeckung des Wasserspiegels in den Brunnen sorgt, aber mit der chemischen Beschaffenheit hapert es oft gewaltig. Schuld daran ist gewöhnlich ein hoher Gipsgehalt. Wir haben eine Menge Bücher, in welchen wir uns über die Benutzbarkeit der Wasser als Trinkwasser unterrichten können. Alle Fragen findet man aber mit genügender Sicherheit selten in einem dieser Bücher, mitunter auch nicht in mehreren beantwortet. Das hat mich veranlaßt, mich mit dem Vorkommen von Gips im Trinkwasser besonders zu befassen und darüber eine kleine Mitteilung[2]) zusammenzustellen. Ich bin zu dem Schluß gekommen, daß man auch sehr gipsharte Wasser zulassen darf, jedoch mit der Voraussicht, daß einzelne Personen es nicht gut vertragen werden. Zum Kochen von Hülsenfrüchten sollen sie aber erst nach vorhergegangener Enthärtung verwandt werden. Ein anderer Nachteil der Grundwasser im Salzkeuper scheint mir schwerwiegenderer Natur zu sein. Legt man die Brunnen zu nahe an den Talsohlen an, so erzielt man genügend Wasser schon in geringer Tiefe, das dann aber mit dem Fehler aller flachen Grundwasser behaftet ist, nämlich Kropf und Kretinismus zu erzeugen[3]). Darum sind beide Erkrankungen besonders im Gebiet des Salzkeupers eine häufige Erscheinung.

Mit dem Eintritt in den Buntsandstein, der an unserer Front bei Brémenil erfolgt, weiterhin in die noch älteren Gesteine des kristallinen

[1]) Wegen meiner Auffassung der Wünschelrutenfrage vgl. den schon genannten Vortrag in Chambley (S. 11) und verschiedene Aufsätze in der „Wünschelrute", welche als Beiblatt zu der Zeitschrift „Das Wasser" in Leipzig erscheint (1915, Nr. 13 u. Nr. 24, 1916, Nr. 3, 4 u. 5).

[2]) Mitteil. d. Geologischen Landesanstalt von Elsaß-Lothringen, Bd. 10, Straßburg 1916, Heft 3, welches demnächst zum Druck kommt.

[3]) Vgl. Dr. Eug. Bircker, Die kretinische Degeneration (Kropf, endemischer Kretinismus und Taubstummheit) in ihrer Beziehung zu anderen Wissenschaften. — Abderhalden, Fortschritte der naturwissenschaftlichen Forschung, Bd. 2, 1911, S. 273—338.

Kerns der Vogesen gelangen wir in das Gebiet der weichen, vielfach sogar zu weichen Wasser. Die Mergel, Kalksteine und verwandte Gesteine, welche lösliche Bestandteile abgeben konnten, sind verschwunden und statt ihrer haben wir Kieselgesteine und Gesteine aus Kieselsäureverbindungen oder Silikaten, aus denen die an der Oberfläche aufgenommenen Wasser nahezu nichts oder doch nur sehr wenig auf ihren unterirdischen, den Quellen oder den Grundwasseransammlungen zuführenden Wegen aufnehmen können. Harte Wässer sind dem Wohlbefinden zuträglicher als weiche. Es liegen sogar bestimmte Angaben dafür vor, daß in Gebieten mit harten Wassern die Wehrtauglichkeit eine größere ist als in den Gebieten mit weichen Wassern. Diese sollen, nach einer Veröffentlichung von Röse [1]), sogar zur Entartung führen. Röse hat sein Menetekel nicht mit Geisterhand an die Wand geschrieben, sondern auf zahlreiche, zahlenmäßig belegte Versuche gestützt. Die Gruppenwasserversorgungen, die in Lothringen das sehr weiche Wasser des Vogesensandsteins den an hartes Wasser gewöhnten Bewohnern der lothringischen Hochfläche zuführen, werden deshalb wohl auch ihre Schattenseiten haben, denen man rechtzeitig Beachtung schenken sollte. Die Ausnützung der Nahrung soll außerdem bei ganz reinem Wasser eine geringere sein als bei kalkhaltigem [2]). Der Umfang der Gebiete, in denen man mit sehr weichen Wassern rechnen muß, ist vom geologischen Bau abhängig, kommt also auch auf geologischen Karten zum Ausdruck. Um den unmittelbar schädlichen Einfluß auszuschalten, den die weichen Wasser auf den Magen ausüben, habe ich an anderer Stelle, unter Hinweis auf einige natürliche Mineralwasser der Vogesen, den Zusatz von doppeltkohlensaurem Natron empfohlen. Dem Kalkmangel wird aber dadurch nicht abgeholfen. Auch in dieser Hinsicht könnte durch Zusatz chemischer Stoffe (Calciumchlorid, das in einigen Mineralwassern in reichlicher Menge auftritt, oder Gips) Abhilfe geschafft werden, doch besser als diese Kalkverbindungen ist grünes Gemüse, wenn es ohne Verlust an Nährsalzen zubereitet ist [3]). Bei der Zubereitung in

---

[1]) Erdsalzarmut und Entartung. Berlin 1908.

[2]) Sgalitzer, Dr. O., Über die Wirkung des Karlsbader Mühlbrunnens auf den Mineralstoffhaushalt der Kaninchen. — Veröffentl. der Zentralstelle für Balneologie, Berlin 1914, 2. Bd., 8. H., 225—232.

[3]) Berg, Ragnar, Über die Ausscheidung von per os eingeführten Phosphaten, besonders der Calciumphosphate. — Biochemische Zeitschrift, 1911, 30. Bd., 107—142. Calciumlaktat, das Berg empfiehlt, wird von Röse (S. 23) als giftig bezeichnet. Auch vor der Benutzung von Chlorcalcium wird gewarnt. Nach Hagers Handbuch der pharmazeutischen Praxis sollen Gaben von 2,0 bis 5,0 g dieses Salzes Ekel, Erbrechen, Mattigkeit, Angst, Schwindel, Zittern und ähnliche Zufälle erregen. Röse kann diese Angaben durchaus bestätigen. Chlorcalcium bewirkte bei 2 Versuchen Harnverhaltung. Phosphorsaure Kalke sind ein durchaus ungeeignetes Mittel zur Bekämpfung kalkarmer Lebensweise (S. 23). Röse, C., Die Einwirkung der Kalksalze auf Ausscheidung und Zusammensetzung des Harns. — Veröffentl. der Zentralstelle für Balneologie, 9. Heft, Berlin, ohne Jahreszahl.

den fahrbaren Feldküchen ist dieser aber nicht zu befürchten. So gibt nun die geologische Karte auch die Umgrenzung von Gebieten, bei denen besondere Rücksicht auf die Ernährung zu nehmen ist.

Der Beginn des Buntsandsteins bezeichnet außerdem den Fuß des Gebirges, und damit beginnt auch ein anderer Einfluß beim Genuß von Trinkwasser sich geltend zu machen, der sich im vorgelagerten Stufenland weniger bemerkbar macht, nämlich der Einfluß der niederen Temperatur. 8—10° C sind nach Lueger die für Trinkwasser am meisten bevorzugten Temperaturen, mir persönlich sind 10—12° angenehmer. Die Temperatur der Quellen, worunter nur wirklich gute Quellen gemeint sind, nicht auch nur wenig eingesickerte und wieder zutage tretende Tagewasser, nimmt nun bei ansteigendem Gelände in bestimmten Verhältnissen ab, für welche Daubrée eine anschauliche Darstellung (vgl. Zeichnung 3) gegeben hat[1]). Weniger als 8° C haben wir schon bei 500—600 m NN, und bei 1000 m nur noch 5,5° C. In bezug auf Temperatur bezeichnen die topographischen Karten also die Gebiete, in denen beim Trinken an Quellen Vorsicht geboten und anzuordnen ist. Ich habe allerdings die Erfahrung an mir selbst gemacht, daß die besten Grundsätze und Vorschriften über den Gebrauch von Trinkwasser am Zwang der Notwendigkeit zerschellen. Aber was in der Not geschieht, z. B. im Bewegungskrieg, darf nicht zum fortdauernden Brauch werden, z. B. im Stellungskrieg. In diesem Fall ist statt des Genusses kalten Wassers Tee oder Kaffee zu empfehlen. Da in den Vogesen die kalten Wasser zugleich weiche Wasser sind, und da diese sich besser zur Tee- als zur Kaffeebereitung eignen, so muß dem ersteren der Vorzug gegeben werden. Dabei ist zu bemerken, daß ein verständnisvoller Teetrinker nur dünnen Tee trinkt.

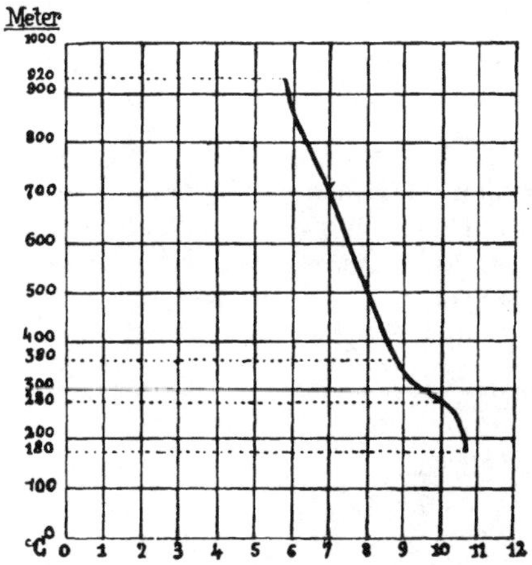

Zeichnung 3.

Der linke Flügel der A. A. von Falkenhausen stößt bei Altweier an den rechten Flügel der A. A. Gaede, inmitten des Gebietes kristalliner Gesteine, von Gneis und Granit. Die Sandsteinberge, die sich östlich dieses Ortes zu beiden Seiten des Strengbachtales einerseits bis zum Tännchel, andererseits bis zum Königsstuhl (vgl. Zeichnung 4) erstrecken, sind, wie schon gesagt, Reste einer früheren allgemeinen Überdeckung durch Bunt-

---

[1]) Les eaux souterraines à l'époque actuelle. I, Paris 1887, 426.

sandstein. Sie sind infolge einer Verwerfung, auf die ich vor 29 Jahren zuerst die Aufmerksamkeit gelenkt[1]) habe, bei der Heraushebung des Gebirges in tieferer Lage zurückgeblieben und deshalb von der Abtragung verschont worden. Ihre Grenze gegen das ältere Gebirge ist ein Quellhorizont, der mehrere Wasserleitungen speist. Die Sandsteinberge sind Reste einer früher zusammenhängenden Decke.

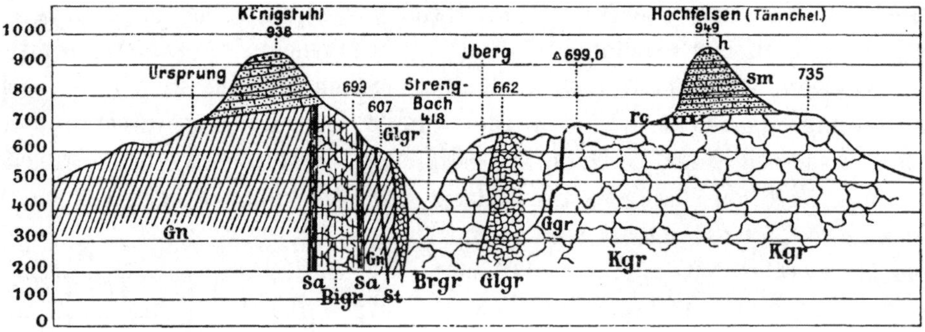

Zeichnung 4. Profil durch einen Teil der mittleren Vogesen. Aus dem Geologischen Führer durch das Elsaß. Gezeichnet von L. van Werveke. Maßstab der Länge 1 : 100 000, der Höhe 1 : 25 000. Gn = Gneis; Kgr = Kammgranit; Glgr = Glashüttengranit (Randausbildung des Kammgranits); Brgr = Brézouardgranit; Bigr = Bilsteingranit mit schiefrigen Salbändern (Sa); Ggr = Ganggranit; ro = Oberrotliegendes; sm = mittlerer Buntsandstein; h = Hauptkonglomerat; St = Störung.

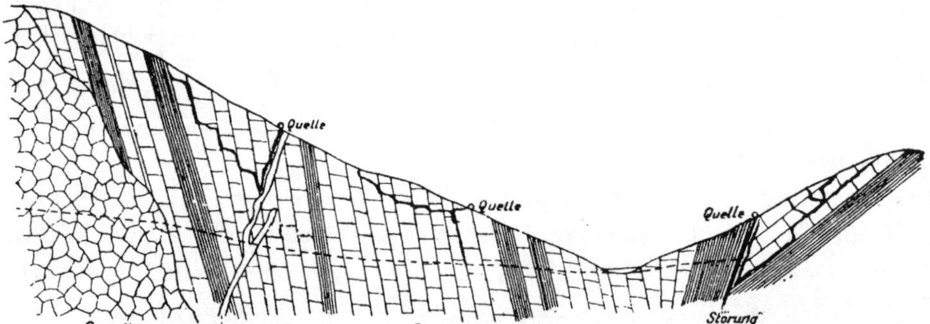

Zeichnung 5. Grundwasser- und Quellbildung im Gneis.

Die Entstehung des Grundwassers ist im Gneisgebiet grundsätzlich dieselbe wie im Granitgebiet; in bezug auf Quellbildung herrschen aber wesentliche Unterschiede, zu deren Veranschaulichung ich die Zeichnungen 5 und 6 gebe. In beiden sinken die an der Oberfläche aufgenommenen

[1]) Über einige Verwerfungen in den mittleren Vogesen. — Mitteil. Geol. Landesanstalt von Els.-Lothr. 1887, Bd. 1, S. 104—107.

Wasser, den Schichtfugen und Klüften folgend, in die Tiefe, bis irgend welches Hindernis sich ihrem weiteren Eindringen in den Weg stellt. Das geschieht schließlich, wenn nicht schon früher infolge von Quellbildung, ungefähr in der Höhe des Grundwassers in den Talsohlen, indem hier seit undenklichen Zeiten die Wasser aus den höheren Lagen zusammenflossen und eine Wasseransammlung bildeten, die alle vorhandenen Klüfte und Hohlräume ausfüllt. Würde ausschließlich die Schwerkraft in Betracht kommen, so müßte die obere Grenze der unterirdischen Ansammlung eine horizontale sein, die mit dem Grundwasserstand in der benachbarten Talsohle auf gleicher Höhe liegt. Durch die kapillare Kraft der feinen Klüfte wird aber das Wasser bereits in höherem Niveau zurückgehalten, die Oberfläche wird eine gewölbte und wiederholt in flachen Formen die Oberfläche des Geländes. Die gestrichelte Linie in den Zeichnungen soll dies veran-

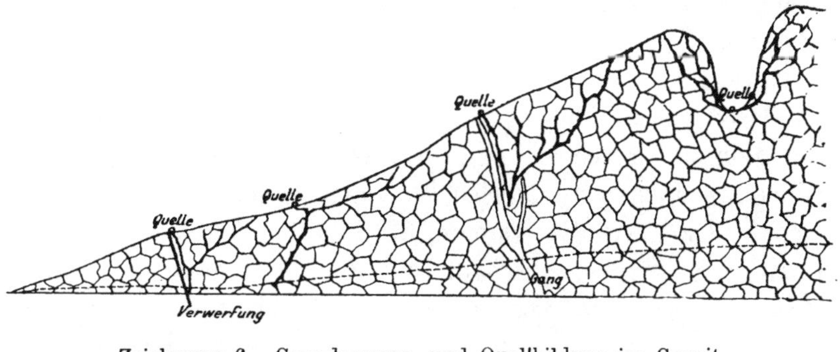

Zeichnung 6. Grundwasser- und Quellbildung im Granit.

schaulichen. Der Überfluß des versinkenden Wassers ergießt sich in den Grundwasserstrom des Tales. Der steilen Stellung der Schichten im Gneis entspricht es, daß die Hauptmasse des versinkenden Wassers dem Grundwasser zugute kommt, und Quellen nur selten sind. Damit hängt es zusammen, daß alle größeren Bevölkerungsanhäufungen im Gebiet der Gneise in den Talsohlen angelegt sind, wo zur Wasserversorgung der Grundwasserstrom der Talanschwemmungen, auch die Bäche und Flüsse benutzt werden konnten. Das Eindringen in den festen, mit Grundwasser gesättigten Untergrund ist bisher zur Wasserbeschaffung nur wenig ausgenützt worden. In den Hängen der Gneisberge stößt man nur auf kleine Häusergruppen oder einzelne Häuser in beschränkter Zahl.

Zahlreiche durch kleine Quellen versorgte Einzelhäuser im Gebiet des oberen Weißtales, wo Granit das herrschende Gestein ist, lassen erkennen, daß die Wasserversorgung aus diesem eine ganz andere ist. Die regellose Zerklüftung des Granits (vgl. Zeichnung 6) und das Fehlen von Schichtung ist dem Versickern des Wassers in die Tiefe viel weniger günstig, dagegen sind Austritte an der Oberfläche, also Quellen, viel häufiger.

Die Wasser der Granit- und Gneisgebiete sind durchweg sehr weich und können nahezu wie destilliertes Wasser benutzt werden. Alkalische Mineralwasser sind von Sulzbach und Zimmerbach bekannt. An der ersteren Stelle treten sie als Quellen zutage, am letzteren Punkte in einem Brunnen.

Südlich vom Münstertal tritt zum Granit das sogenannte Grauwackengebirge, das seinem geologischen Alter nach dem Unterkarbon angehört. Im älteren Teil herrschen Schiefer und Grauwacken, im jüngeren Eruptivdecken, graue und braune Labradorporphyre, Porphyre und Quarzporphyre sowie Tuffe, welche mit den Ausbrüchen dieser Laven in Verbindung standen und Konglomerate und Breccien, die bald nach der Verfestigung der Ströme und Decken aus ihrer Zertrümmerung durch den Anprall der Wogen entstanden. Schichten und Decken sind meist steil aufgerichtet, und darum ist im Kulm wie im Gneis Quellbildung selten. Die besten Quellbildner sind in diesem Gebiet die Ablagerungen, welche die Gletscher der Diluvialzeit hinterlassen haben. Auch ihre Wasser sind sehr weich.

Am Hirzstein verläßt unsere Stellung das alte Gebirge. Ich selbst will aber seine Besprechung nicht verlassen, ohne noch einen Blick auf den südlichsten Posten zu werfen, auf den vielumstrittenen Hartmannsweiler Kopf. Hart wie die Kämpfe, die auf ihm durchgeführt werden, ist das Gestein, aus dem er aufgebaut ist. Er gehört dem nordöstlichen Teil einer steil aufgerichteten Decke eines eigentümlichen, hornblendeführenden Quarzporphyrs an, die ihre größte Mächtigkeit im Molkenrain (vgl. Zeichnung 7) mit 2300m erreicht[1]). Die kriegstechnischen Arbeiten müssen auf ihm auf ungewöhnliche Schwierigkeiten gestoßen sein. Ich will daran erinnern, daß schon in vorhistorischer Zeit sich auf dem Hartmannsweiler Kopf eine Verteidigungsstellung befand, ein gegen N und NO offener hufeisenförmiger Wall, der aus Blöcken des Quarzporphyrs aufgebaut ist, die im südwestlichen Teil stellenweise verglast und durch Schmelzung zusammengekittet sind. Vorgefundene Abdrücke zeugen dafür, daß sie durch Feuer von Hartholz, nicht von Tannenholz hervorgerufen wurde. Ob der Wall, der frühere Kämpfe, wenn solche wirklich stattgefunden haben, um viele Jahrhunderte überdauert hat, heute noch Spuren hinterläßt, ist mir nicht bekannt. Eine Zeichnung, die den Wall nach einer in das Ende der siebziger Jahre fallenden Aufnahme darstellt sowie einen Dünnschliff des verglasten Gesteins wiedergibt, hat Bleicher[2]) gegeben.

---

[1]) Gliederung und Lagerung des Grauwackengebirges im St. Amarintal. — Mitteil. Geol. Landesanstalt von Els.-Lothr., Bd. III, Straßburg, 1892, S. XIV—XX.

[2]) Enceinte avec blocs vitrifiés du Hartmannsvillerkopf. Mémoire lu à la réunion des Sociétés savantes à la Sorbonne, section d'archéologie, le 14 Avril 1879. — Auch enthalten in: Bleicher et Faudel, Matériaux pour une étude préhistorique de l'Alsace, II. Monuments mégalithiques. Bull. Soc. d'hist. nat. Colmar, XX—XXI, 1879—1880, 81—186.

Der Hirzstein ist der äußeren Randspalte des Rheintalgrabens unmittelbar vorgelagert und besteht aus verkieseltem Vogesensandstein. Mit ihm beginnen die Vorhügel der Vogesen, die weiter südlich hauptsächlich aus tertiären Schichten aufgebaut sind. Tertiäre Küstenkonglomerate, überdeckt von diluvialen Blockablagerungen, setzen die berühmte Höhe 309 bei Sennheim zusammen. An ihrem Fuße haben wir bereits Quellen von gewöhnlichem, kalkhartem Wasser, die nun durch das ganze Hügelland des Sundgaues anhalten und nur durch die Ströme weichen Grundwassers unterbrochen sind, welche die Talsohlen der Thur und der Doller aus dem Gebirge nach der Ebene führen und die Hauptgrundlage für die Entwickelung der Kattunfärbereien des Oberelsaß abgeben. In der jüngsten Tertiärzeit verfrachteten Vogesenflüsse Vogesensande und Gerölle bis ins Gebiet des heutigen, damals aber noch nicht aufgepreßten Juragebirges; in der älteren Diluvialzeit

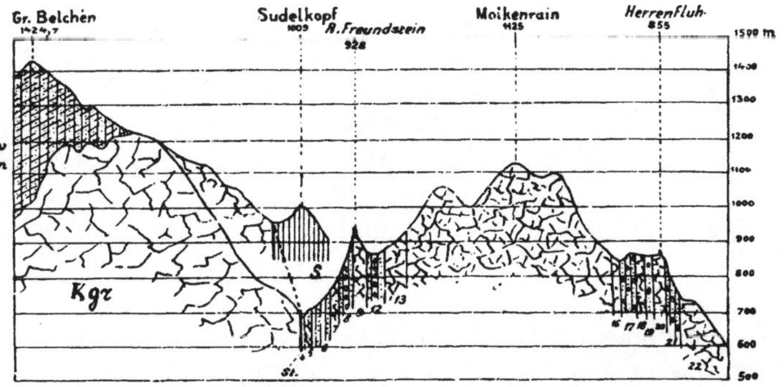

Zeichnung 7. Profil durch einen Teil der südlichen Vogesen über den Sulzer Belchen und den Molkenrain. Maßstab der Länge 1 : 100 000, der Höhe 1 : 25 000. Gezeichnet von L. van Werveke. Aus Geologie des Sulzer Belchens und seiner Zugänge. Gebweiler 1910. Kgr = Kammgranit; Gw cm = Grauwacke, kontaktmetamorph; S — Schiefer (nicht verändert); St. = Verwerfung; 4, 6, 8 = schwarze Schiefer und Grauwacke; 5, 7, 9 = graue Labradorporphyre; 12 = dichte Grauwacke mit Pflanzenresten und klein-grobkörnige Grauwacke; 13, 16, 18, 20, 22 = braune Labradorporphyre; 15 = Quarzporphyr; 17, 19, 21 = dichte Grauwacken mit Pflanzenresten, Porphyrit-Konglomerate und Breccien.

war ihr Weg bereits gekürzt und bei Dammerkirch und Altkirch mischten sich ihre Wasser mit denen des Rheins, der damals westlich von Basel durch die Burgundische Pforte abfloß. Lehm und Löß bilden eine beinahe alles verhüllende Decke über diesen Flußablagerungen, die selbst wieder die älteren Schichten, das Tertiär, nur an wenigen Stellen zutage treten lassen. Die Wasserversorgungsverhältnisse können also hier sehr mannigfaltig sein und sind wieder wesentlich verschieden von denen des Gebirges. Wer nicht aufs Geradewohl vorgehen und im Dunkeln tappen will — auch das hat manchmal Erfolg — kann den geologischen Bau nicht vernachlässigen. Anders wieder sind die Verhältnisse im Juragebirge, in welchem die Schichten des Juras zu Mulden und Sätteln zusammengestaucht sind (vgl. Zeichnung 8).

Ebenso wichtig wie die Beschaffung reinen Trinkwassers ist die Wegschaffung überflüssigen Wassers in den Stellungen, also die Entwässerung. Wir haben alle die lebhaften Klagen über die Nässe vernommen, unter der unsere Soldaten in den Schützengräben vielfach zu leiden haben, und Nr. 3 (1916) der Zeitschrift „Die Woche" bringt auf S. 92 zur Kenntnis aller Welt eine Nachbildung einer photographischen Aufnahme, auf welcher ein Feldgrauer im Schützengraben bis in die Hälfte der Waden im Wasser watet. Auch die Entwässerung kann, sobald sie sich nicht an der Oberfläche auf Grund der Gefällsverhältnisse ermöglichen läßt, mit Vorteil, mitunter sogar unter Vermeidung eines Nachteiles, nur unter Berücksichtigung der geologischen Verhältnisse geschehen. Nicht jedes Senkloch führt das

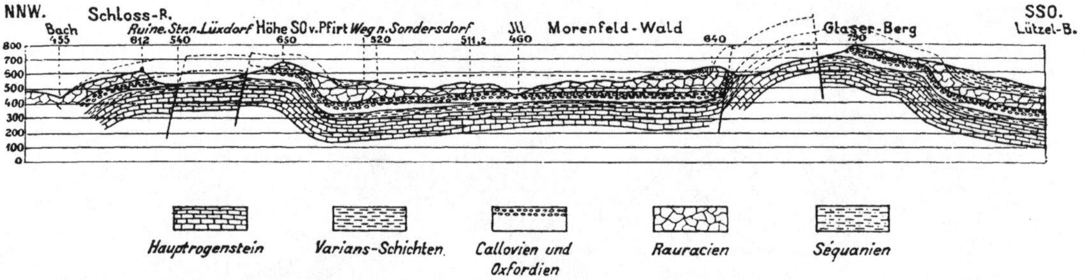

Zeichnung 8. Querprofil durch die nördlichen Falten des Jura-Gebirges. Aus dem Geologischen Führer durch das Elsaß. Gezeichnet von L. van Werveke. Maßstab der Länge und der Höhe 1 : 50000.

Wasser aus höheren, nassen Schichten in tiefer liegende, trockene, es kann vielmehr auch vorkommen, daß durch ein Senkloch Wasser aus der Tiefe zutritt, daß also eine Bewässerung geschaffen wird, statt einer Entwässerung[1]). Der Geologe, der mit den Grundwasserverhältnissen bekannt ist, wird vielfach sofort erkennen, daß eine Entwässerung an vielen Stellen nicht möglich ist, es sei denn, daß fortwährend Pumpen in Betrieb gehalten werden. An solchen Linien kommt eine Verlegung oder Aufschüttung in Betracht. Dafür, daß erstere freiwillig nicht gerne geübt wird, dennoch mitunter unter dem Zwang der Geschütze erfolgt und darum besser vorher aus freien Stücken geschehen wäre, führe ich als Unparteiischen den Schriftsteller Ganghofer an, der in seiner Reise zur deutschen Front, 2. Teil, Die stählerne Mauer, sich in folgenden Worten ausdrückt: „Am Nachmittag des 10. März, als ich in La Bassée war und aus nördlicher Richtung schweren Kanonendonner vernahm, mußten die Deutschen

[1]) L. van Werveke, Eine mißlungene Entwässerung. — Mitteil. der Philomath. Ges. in Els.-Lothringen, Straßburg i. Els., 1916, Bd. 5, S. 302—305.

nicht weit von Lorgies, in dem von zahlreichen Drainierungskanälen durchschnittenen Sumpfgelände von Neuve-Chapelle, einen Schützengraben aufgeben, eine von jenen nassen „Mausfallen“ und „Granatenschachteln“, die gegen schweres Artilleriefeuer nicht zu halten sind. Es handelte sich dabei um eine für die Kriegslage an der westlichen Front völlig bedeutungslose Sache, um jenes wechselnde, dem Schachspiel gleichende Hin und Her, das im Stellungskriege mehr durch die Bodenbeschaffenheit als durch ein Übergewicht militärischer Kräfte bestimmt wird“. Erwähnen will ich noch, daß ein sehr bemerkenswerter Vortrag über Entwässerung auf der Versammlung der „Kriegsgeologen“ in Frankfurt a. M. am 7. Januar d. J. durch den Kriegsgeologen Dr. Wurm gehalten wurde. Es geht nicht an, den Inhalt öffentlich weiter zu geben, es sollte aber dafür gesorgt werden, daß innerhalb der Armee die Verbreitung nützlicher Beobachtungen und deren Verwertung tunlichst rasch und ausgiebig erfolgen kann.

Ungemein wichtig sind auch die geologischen Kenntnisse, wenn es sich um jegliche andere Arbeit als Wasserbeschaffung handelt, die in den Boden und seinen Untergrund eindringt. Und doch wird in dieser Beziehung so furchtbar viel gesündigt, im Frieden und im Kriege. Große Fehler, die im Frieden bei militärischen Bauten vorgekommen sind, habe ich nach eigenen Erfahrungen in meinem Aufsatz „Militärgeologie im Frieden und im Kriege“ angedeutet. Im Kriege werden Schützengräben oft als standfest angesehen, wenn sie bei trockenem Wetter ausgehoben worden sind, setzen sich aber nach Regen und besonders nach darauf folgendem Frost und Auftauen oft in Bewegung. Die Arbeit, die man sparen wollte, wird dann vielleicht zu einer recht unbequemen Zeit ausgeführt werden müssen. Ich selbst sah, wie im Walde ein Zugangsgraben zu einem vorgeschobenen Beobachtungspunkte am Waldrande hergestellt werden sollte. Nachdem eine dünne Decke von Kalk durchbrochen war, gelangte man in roten Ton, und einer der Schipper sagte: „Nun kommt der gute Boden“. Für die Ausgrabung war er allerdings gut. Ich konnte aber voraussagen, daß das Urteil nach dem nächsten Regen ein anderes sein werde, und daß man, wenn nicht rechtzeitig Vorkehrungen getroffen würden — sie fehlten in einem etwas älteren Graben — alsdann im fetten Tonschlamm kaum weiter kommen könne. Ich selbst war einmal vor längeren Jahren auf freiem Felde beinahe in denselben Tonen stecken geblieben.

Wichtiger aber noch als für die Schützengräben ist die Kenntnis des Bodens und seines Untergrundes für Minierarbeiten; hier ganz besonders sollte man nicht im Dunkeln tappen, sondern bewußt und mit klarem Blick vorgehen. Nirgends kann sich die Unkenntnis mehr rächen als in diesem Fall. Bei der Begehung einer im Bau begriffenen Eisenbahnstrecke hörte ich den Einwand, die Geologie sei nicht von Nutzen, denn der Geologe könne nicht den Boden ändern, man müsse eben an bestimmten Stellen durch, gleichviel ob sie dem Bau günstig sind oder nicht. Ähnlichen Einwand hatte ich im Sinne, als ich meinen Aufsatz „Ein Beitrag zur Kriegsgeologie“ in der Straßburger Post niederschrieb. Ich sagte dort zum Schluß: „Es gibt Feldmeteorologen, warum nicht auch Feldgeologen? Der Meteorologe ändert nicht das Wetter, der Geologe[1]) nicht den Boden. Aber beide sehen voraus, was kommen wird, jeder für sein Fach, und lehren, wie man sich den natürlichen Verhältnissen am besten anpaßt und aus ihnen den größten Nutzen zieht“. Gerade für den Minierkrieg kann die Voraussicht auf das zu treffende Gestein nie zu weit gehen.

Bei Bahnbauten ist man aber nicht immer, wie der gemeinte Baumeister sagte, auf ganz bestimmte Linien angewiesen und nicht immer sind Verlegungen ausgeschlossen. Eine Linie, die ich westlich der Mosel im Bau begriffen sah, wäre auf einer gewissen Strecke bei Berücksichtigung der geologischen Verhältnisse entschieden anders gelegt worden. Was die Voraussicht auf das Kommende anbelangt, so kann ich auf einen anderen Fall hinweisen, der sich beim Bau einer kurzen Strecke im Unterelsaß abgespielt hat. Ein Einschnitt hatte die außerordentlich zu Rutschungen geneigten Beta-Tone des Unteren Lias aufgeschlossen, die an einer Verwerfung gegen Gryphitenkalk abstießen. Beide Abteilungen waren von sandigem Diluvium überdeckt. Von diesen aus befürchtete ich eine Durchfeuchtung der Tone und infolgedessen Rutschungen. Dem bauleitenden Baumeister — es deckt ihn schon seit einer Reihe von Jahren der Boden — waren diese Verhältnisse entgangen und seine Sorge war nur, den Einschnitt bis zur Abnahme der Bahn standfest zu erhalten. Lang andauernde Rutschungen blieben nicht aus, und die am Fuße ausgeführten Entwässerungsarbeiten waren naturgemäß ohne Erfolg. Nur Entwässerung oberhalb des Einschnittes war hier angezeigt, und diese hatte ich auch von vornherein vorgeschlagen. Besonders ist bei Bahnanlagen das Anschneiden von alten Gehängeschuttmassen sorgfältig zu vermeiden. Sie finden sich am Fuße der festen, und darum steil ansteigenden Kalkplatten, welche das lothringische Stufenland aufbauen. Ein geringfügiger Anschnitt genügt mitunter, um große Massen in Bewegung zu setzen, die dann nur mit großen Kosten zum Halten gebracht werden können.

Für den Wegebau gilt dasselbe wie für den Bahnbau, wenn im allgemeinen vielleicht auch in geringerem Maße. Auch beim Wegebau dürfen

---

[1]) Ich hoffe, daß im nächsten Kriege Geologen dem Heere in derselben Weise angehören werden wie die Hygieniker, und daß „Schlegel und Eisen“, das Wahrzeichen des Bergbaues und der internationalen Geologenkongresse, auf ihrem Rockkragen eine ebenso bekannte Erscheinung sein werden, wie heute Stab und Schlange der Mediziner.

die geologischen Verhältnisse nicht vernachlässigt werden. Für beide ist aber von gleicher Wichtigkeit die Beschaffung des Packungs- und des Beschotterungsgesteines. Die Geologie bewahrt auch in dieser Beziehung vor mitunter recht merkwürdigen Tastversuchen.

Auch der Nachweis von Bausteinen, besonders von Steinen, die sich zur Herstellung von Beton eignen, erfolgt am sichersten auf geologischer Grundlage.

Sollte es wirklich gelingen, in großem Maße Schwefelsäure aus Gips herzustellen, so wäre der Nachweis neuer Gipsvorkommen von besonderer Wichtigkeit. In welchen Schichten wir zu suchen haben und welche Schichten von vornherein nicht in Betracht kommen, lehrt die Geologie. Über Versuche in der angegebenen Richtung hat Precht[1]) in der Zeitschrift Kali berichtet.

Es ließe sich noch manches über die Verwendbarkeit der Ergebnisse der geologischen Forschungen in den angedeuteten Richtungen sagen, aber ich will nicht näher darauf eingehen, weil die kriegsgeologische Literatur sich gerade mit diesen Fragen hauptsächlich beschäftigt hat. Ich verweise besonders auf den Aufsatz des Herrn Major Kranz in Petermanns Geographischen Mitteilungen[2]), in welchen sich militärtechnische Kenntnisse mit geologischen paaren, und eine kleine Schrift[3]) des Herrn Geheimrat Professor Dr. Salomon in Heidelberg, welcher mehrere Abbildungen als Beispiele der Verwertung eingefügt sind.

Als Grundlagen zur Beantwortung aller dieser Fragen dienen aber die geologischen Karten und die zugehörigen Beschreibungen, je nach der Aufgabe, die vorliegt, die Karten kleineren oder größeren Maßstabes[4]). Wir brauchen sie nicht nur für das eigene, sondern auch für das fremde Gebiet, und zwar ganz besonders im gegenwärtigen Kriege.

Bei Besprechung der Geologischen Übersichtskarte 1:200000 habe ich hervorgehoben, wie mangelhaft der Anschluß auf französischem Gebiet sei. Das gilt aber nicht nur für die geologischen, sondern auch für die topographischen Karten. Der topographischen Neuaufnahme der besetzten Gebiete widmet man die größte Aufmerksamkeit, warum nicht auch der Kenntnis des Untergrundes, in welchem sich der heutige Krieg in viel

---

[1]) Über die Verwendung des Kieserites und Gipses zur Herstellung von Schwefelsäure. — Kali, 9. Jahrg. 1915, 295—298.

[2]) 61. Jahrg. 1915, Juli-Heft, Aufgaben der Geologie im mitteleuropäischen Kriege. S. 249—255. Vgl. auch W. Kranz, Aufgaben der Geologie in der Kampffront im mitteleuropäischen Kriege. — Mitteil. über Gegenstände des Artillerie- und Geniewesens, Wien, 1915, 10. und 11. Heft, im Sonderabdruck 15 S.

[3]) Kriegsgeologie. Vortrag am 17. Febr. 1915 zu Gunsten des Roten Kreuzes. Heidelberg 1915, 16 S. mit 5 Abbild.

[4]) s. Anhang unter 5.

größerem Betrag abspielt als an der Oberfläche? Eine dahin zielende Anregung habe ich in meinem ersten Aufsatz in der Straßburger Post (vom 25. März 1915, Nr. 208) gegeben. Der Wortlaut war: „Schützengräben und nahe angrenzendes Gebiet erfordern in erster Linie eine Untersuchung. Die Verwertung ergibt sich zum Teil während derselben. Daran müßte sich die Untersuchung des rückwärts liegenden, jetzt besetzten feindlichen Gebietes anschließen." Zur Ausführung der Arbeiten empfahl ich, die erfahreneren Geologen aus der Front zurückzuziehen.

Begründet war mein Vorschlag zur geologischen Untersuchung des besetzten feindlichen Gebietes mit den Worten: „Und wenn wir die Ergebnisse auch jetzt vielleicht weniger brauchen, wer kann behaupten, daß wir uns in diesem Gelände in Zukunft nicht nochmals mit dem Gegner messen werden?" Ausführlicher hat sich ganz neuerdings Geh. Hofrat Professor Salomon[1]) in Heidelberg in demselben Sinne ausgesprochen: „In hohem Maße bedauerlich und schädlich wäre es auch, wenn die unzähligen künstlichen Aufschlüsse, die der Krieg geschaffen hat und der Frieden rasch zerstören wird, nicht jetzt untersucht würden. Ich sehe dabei von dem wissenschaftlichen Schaden ganz ab. Aber wann wird je wieder die Möglichkeit für uns kommen, den Boden unserer Nachbarländer so kennen zu lernen, wie es für Kriegszwecke wünschenswert ist? Ja, wenn der nächste Frieden der ewige Frieden wäre! Wer wagt aber das zu hoffen? Und so bleibt uns, deren Land so oft der Schauplatz der Invasionen unserer Nachbarn war, nicht anderes übrig, als uns auch darauf zu rüsten, daß wir von neuem das Schwert zur Verteidigung unseres Volkes ziehen müssen. Dann aber ist es sehr leicht möglich, daß neue Schlachten an denselben Stellen geschlagen werden müssen, auf denen unsere Heere jetzt stehen. Und unsere Nachkommen würden sich mit Recht beklagen, daß wir zu kurzsichtig waren, um die günstige Gelegenheit zur Erforschung des Kampfbodens auszunützen."

Über die Ausführung der Arbeiten sagte ich: „Die Untersuchung kann für den westlichen Kriegsschauplatz in einer Nachprüfung und Richtigstellung der französischen Karte 1:80000 bestehen, die auf die Blätter der Generalstabskarte aufgedruckt ist. Stehen bessere topographische Karten zur Verfügung, so gebrauche man diese." An die belgische geologische Karte hatte ich im Augenblick der Niederschrift meines Aufsatzes nicht gedacht.

Ich hatte die Anregung vor Beginn des Frühjahres gegeben, in welchem der wenig vorgeschrittene Stand der Felder noch ausführlichere Begehungen gestattet. Bei hochstehender Saat ist die Arbeitsmöglichkeit stark eingeschränkt. Ich kam auf die Anregung Ende Juli zurück, weil eine neue

[1]) Kriegsgeologie. Geologische Rundschau, Bd. 6, 1915, S. 315—317.

günstige Aufnahmezeit nach der Ernte beginnt. Der Aufsatz erschien aber stark verspätet in der Straßburger Post erst am 18. September.

Nur eine Karte, die nach klarer Erkenntnis der Verhältnisse nach den üblichen Darstellungsweisen gezeichnet ist, kann beim Lesen eine klare Vorstellung erwecken. Wo dies nicht möglich ist, sind Fehler zu vermuten, die dadurch entstanden sein können, daß die geologischen Grenzen nicht richtig gezogen oder die Art des Auftretens einer bestimmten Abteilung oder eines Gesteins nicht richtig erkannt, oder daß normale geologische Grenzen statt Verwerfungen gezeichnet sind. Die Revision hat deshalb nicht mit einer Begehung des Gebietes einzusetzen, sondern mit einer sorgfältigen Prüfung der Zeichnung. So habe ich es stets gehalten und dadurch die vorhandenen Fehler meistens schon vor der Ortsbesichtigung erkannt. Die Verbesserungen machten dann wenig Mühe. Je besser die vorhandene geologische Karte ist, um so rascher wird ihre Berichtigung erledigt werden können. Von vornherein ist aber damit zu rechnen, daß die verschiedenen Blätter einer und derselben Karte sehr verschieden zu beurteilen sind, verschieden auch diejenigen verschiedener Länder.

Zunächst die Geologische Karte von Belgien, die im Maßstab 1 : 40000 veröffentlicht wird. Von den 226 Blättern, welche die Karte umfaßt, fehlt nur 1 Blatt. Sie lassen vielfach sehr viel zu wünschen übrig, und eine Neuaufnahme ist nicht zu umgehen. Das habe ich dem jetzigen Direktor des Service géologique gelegentlich eines Besuches in Straßburg schon vor Jahren gesagt. Zur Besprechung greife ich die Blätter der Umgebung von Ypern heraus, das durch die heftigen Kämpfe, die sich in dem auf ihm dargestellten Gebiet abgespielt haben, unser besonderes Interesse beansprucht.

Nach der geologischen Übersichtskarte von Belgien im Maßstab 1 : 500000 von G. Dewalque (2. Ausgabe 1903) ist die ganze Umgebung von Ypern aus der ältesten Abteilung des Tertiärs, aus Eocän, aufgebaut, aus den Unterabteilungen Ypresien und Panisélien. Die letztere, welche die jüngere ist, geht in einem Hügelzug im Bogen auf der Süd- und auf der Ostseite um die Stadt herum. Das gleiche Bild bieten auf den ersten Blick deutlich die Blätter 81—82 und 95—96 der Karte 1 : 40000. Sieht man aber genauer zu, so erkennt man durch eingetragene Buchstaben, daß die genannten Schichten auf große Strecken von Diluvium überdeckt sind. Die einzelnen unterschiedenen Abteilungen sind aber weder gegen das Tertiär noch gegen einander abgegrenzt, und wer die Karte benutzen will, wird nicht umhin können, zunächst mit verschiedenen farbigen Stiften die einzelnen Buchstabenbezeichnungen zu unterstreichen. Die Karte bietet zwar jetzt schon mehr als vor den Unterstreichungen, viel weniger aber, als eine Karte im Maßstab 1 : 40000 bieten sollte. Man hat durch die

Vermeidung der Umgrenzungen viel Arbeit gespart, die nunmehr nachzuholen ist.

Einen guten Eindruck macht Blatt Reims der geologischen Karte von Frankreich 1 : 80 000, das ich zu meinem ersten Kriegsgutachten, über den geologischen Aufbau der Umgebung von Craonne, genauer ins Auge gefaßt habe. Im allgemeinen mußte ich die Zeichnung für richtig halten und nur an einer Stelle stieß ich auf eine Unmöglichkeit. Eine Richtigstellung war aber für die vorgelegte Frage nicht nötig.

Eine sehr ungenaue geologische Darstellung gibt Blatt Lunéville. Erstens ist die Gliederung der Schichten bei weitem nicht soweit durchgeführt, als man dies von einer Karte verlangen kann, welche die Aufschrift Carte géologique détaillée trägt. Zweitens ist das geologische Alter der Schichten für große Flächen falsch angegeben, und drittens ist den Lagerungsverhältnissen nicht die nötige Beachtung geschenkt. Als Beispiel sei angeführt, daß die Grenze zwischen Lettenkohle und Salzkeuper an der Landesgrenze 7 km weiter östlicher liegt, als die Karte angibt. Daß große Strecken als Lettenkohle statt als Salzkeuper eingetragen sind, hatte ich bereits aus einer genauen Beachtung der topographischen Grundlage erkannt, bevor ich Gelegenheit hatte, das Gebiet aus eigener Anschauung kennen zu lernen. Der ganze Parroy-Wald, dessen Name uns besonders aus den französischen Berichten geläufig geworden ist, soll auf Diluvium stocken. Meist geht aber Salzkeuper zutage, und nur an Nord- und Nordosthängen ist Lehm vorhanden. Das ist eine Art der Verbreitung des Diluviums, die uns aus Deutsch-Lothringen sehr bekannt ist. Als Buntsandstein sind Schichten zusammengefaßt, die teils dem Unteren Muschelkalk in seiner Fazies als Muschelsandstein, teils dem höheren Teil unseres Oberen Buntsandsteins entsprechen. Große Flächen nimmt der Vogesensandstein ein. Die Zeichnung besagt uns nichts, und doch ließe sich hier, allerdings mit mehr Anstrengung als Blatt Lunéville verursacht hat, ein sehr beredtes Bild schaffen. Es genügt dazu die Ausscheidung des sogenannten Hauptkonglomerates, das in einer Mächtigkeit von etwa 20 m den Beginn des Oberen Buntsandsteins bezeichnet. Infolge seiner großen Härte und schweren Verwitterbarkeit bildet es schroffe Felswände, die bei Angriffen ein schwer zu überwindendes Hindernis bieten. Darüber gelangt man auf eine flache Stufe, auf welcher der Verteidiger sich bequem einrichten, auch seine Artillerie heranbringen kann. Da auch die topographischen Karten keine Andeutung der Felsbildungen geben, sogar nicht die vorhandenen Karten 1 : 25 000, so sind aus dem plötzlichen, unerwarteten Aufragen der Felswände sicher schon oft unangenehme Überraschungen entstanden. Sie lassen sich durch genauere topographische, besonders aber durch geologische Darstellungen vermeiden.

Von weiteren Beispielen sehe ich ab. Meine Ausführungen haben gezeigt, daß wir die geologischen Karten der fremden Gebiete brauchen[1]), und die gegebenen Beispiele haben außerdem dargetan, daß die vorhandenen Karten nicht den Ansprüchen genügen, die wir zu stellen haben. In Friedenszeiten konnten wir die Berichtigungen nicht vornehmen. Zwar habe ich bei der Bearbeitung des Blattes Pfalzburg 1 : 200000 das Gebiet zwischen Cirey, Lunéville und Dombasle öfters besuchen können, ohne auf Hindernisse zu stoßen. Allzuviel durfte ich aber auch nicht wagen. Unangenehm war ein Besuch der Umgebung von Belfort, als ich vor 4 1/2 Jahren mir eine eigene Anschauung über die von einem französischen Geologen bezweifelte Fortsetzung des oberelsässischen Deckenschotters nach der Saône verschaffen wollte. Ich entging nur knapp der Verhaftung. Schlimmer erging es kurz darauf Herrn Professor Lorry aus Utrecht, der dasselbe Gebiet zu demselben Zweck begehen wollte. Er wurde einen ganzen Tag von Pontius zu Pilatus geführt, bevor seine Verhaftung aufgehoben wurde. Dagegen konnte der französische Geologe Vélain sich lange ungehindert in unserem Gebiet bewegen. Jetzt hindert niemand an der geologischen Aufnahme des besetzten Gebietes, und wir sollten daher ihre Ausführung nicht versäumen. Planmäßig, so wie ich sie mir gedacht, erfolgen seit November geologische Aufnahmen bei der A. A. von Strantz, im Gebiet zwischen Maas und Mosel. Sie mit Unterstützung der Division, bei der er sich als Kriegsfreiwilliger gemeldet hatte, später mit Zustimmung des Oberkommandos der A. A. eingeführt zu haben und nunmehr durchzuführen, ist das Verdienst des Herrn Professor Dr. Philipp aus Greifswald. Er bearbeitete mit 3 Hilfskräften zuerst das Gebiet der Priesterwaldstellung, und die Vorlage der Karte vor dem Armee-Oberkommando hatte den erfreulichen Erfolg, daß die geologischen Aufnahmen auf das Gebiet der ganzen A. A. ausgedehnt wurden. Gegenwärtig arbeiten dort außer dem Leiter 19 Geologen, die sehr verschiedenen Waffengattungen angehören und sehr verschiedene Stellungen einnehmen, vom gemeinen Mann bis zum Leutnant. Die Aufnahmen erfolgten und erfolgen weiterhin im Maßstab 1 : 25000. Die Zeichnung der Karte des Gebietes hinter dem Priesterwald war aber keine rein geologische, sondern war den kriegstechnischen Zwecken in besonderer Weise angepaßt. Zwar kenne ich die Art der Zeichnung, doch halte ich es nicht für zweckmäßig und mich auch nicht dazu berechtigt, darüber zu sprechen. Ich hebe nur hervor, daß die Verwendung auch ohne geologische Kenntnisse möglich ist.

Unter Hinweis auf meine früheren Aufsätze in der Straßburger Post und auf die Arbeiten bei der A. A. von Strantz unterbreitete ich dem Herrn Generaloberst Exzellenz Dr. Freiherr von Falkenhausen die Anregung,

---

[1]) s. Anhang unter 6.

eine planmäßige geologische Untersuchung der Kampfstellungen und der rückwärtigen feindlichen Gebiete durchführen zu lassen. In einer Eingabe an Seine Exzellenz den Herrn General der Infanterie Dr. Gaede konnte ich meine Anregung auf die Untersuchung der Kampfstellungen beschränken. Von beiden Stellen erhielt ich zusagenden Bescheid. Ich bin überzeugt, daß die Arbeiten bei richtiger Ausführung gute Erfolge zeitigen werden.

Über den Gebrauch der geologischen Karten zu Kriegszwecken habe ich mich in dem genannten Aufsatz in der Straßburger Post in folgenden Worten ausgedrückt: „Es ist auch schon früher daran gedacht worden, geologische Karten den Kriegszwecken nutzbar zu machen. Die älteren geologischen Karten gaben nur die allergröbsten Züge in meist ungenauer Abgrenzung wieder und mußten sich daher schnell als unbrauchbar erweisen. Die neuen geologischen Karten sind aber so mannigfaltig gegliedert, daß den Nichtfachmann bei ihrem Anblick ein gelinder, vielleicht aber auch ein mehr oder minder heftiger Schreck befällt. Sie verlangen meist ein Zusammenwirken von Geologe und Techniker, wenn nicht dieser, wie der Bergmann, durch seine Vorbildung hinreichende Kenntnis der Geologie erworben haben kann, um die Angaben der Karten selbständig zu verwerten. Der Wert der Karte steigt mit der Zahl der ausgeschiedenen Abteilungen, und ihre Herstellung ist vor allem anzustreben. Besonders für Minierarbeiten kann die Ausscheidung nicht leicht zu weit getrieben werden. Wo man allein mit der Karte nicht auskommt, ziehe man den Geologen hinzu."

Die Karte, die ich hier ausgehängt habe, stellt einen Teil des westlichen Kriegsschauplatzes und des rückwärtigen Gebietes in der von mir vorgeschlagenen Ausführung dar[1]). Sie umfaßt das Gebiet zwischen Maas im Westen und Saar im Osten, sowie zwischen den Linien Montmédy-Longwy-Sierck-Merzig im Norden und Neufchâteau-Mirecourt-Épinal im Süden und bringt die 4 Kalkplatten des Oberen Muschelkalks, des Gryphitenkalks (Lias α), des Doggers und des Malms, letztere nur bis zur Maas zur Darstellung. Die Malmplatte setzt die Maashöhen (Côtes de Meuse) zusammen, für welche auf der Karte 1 : 300000 die erst in jüngster Zeit in Anwendung gekommene Bezeichnung Côtes lorraine eingetragen ist, mit zwei Fehlern allerdings, erstens einem grammatikalischen Fehler, indem das Wort lorraine in der Einzahl statt in der Mehrzahl geschrieben ist, zweitens einem geographischen Fehler, indem der Name vom Kalkhöhenzug auf die Woëvre-Ebene übergreift. Diese (nicht Ebene von Woëvre), in der französischen Literatur La Woëvre, ist nicht auf das kleine Gebiet

[1]) Von einer Wiedergabe muß hier abgesehen werden. Einsicht in dieselbe wird in der Bibliothek der Geologischen Landesanstalt gern gestattet. Zum ersten Male habe ich die Karte auf der Versammlung der Kriegsgeologen in Frankfurt a. M. am 7. 1. 16 vorgelegt.

westlich von Conflans beschränkt, auf welches es auf der Karte 1 : 300000 eingeschrieben ist, zum Teil sogar in das Gebiet der Doggerkalkplatte hinein, sondern bildet den langgestreckten, infolge seines Aufbaues aus Tonen weiherreichen Streifen zwischen den Maashöhen und den Moselhöhen. Das läßt die vereinfachte geologische Karte sofort erkennen. Der Streifen verschmälert sich nach Norden und Süden, in letzterer Richtung von Toul ab. Etwas nördlich von Neufchâteau treten beide Kalkplatten ganz nahe aneinander. Ebenso verschmälern sich die Mergelgebiete, welche die Doggerplatte von der Liasplatte und diese wieder von der Muschelkalkplatte trennen. Die Hindernisse, welche jede einzelne Platte bietet, rücken näher aneinander. Deshalb greifen die Befestigungswerke von Toul und Nancy von der Malmplatte auf die Doggerplatte, in geringerem Grade auch auf die Liasplatte über, während ein breiter Abstand die auf der Malmplatte gelegenen Werke der französischen Festung Verdun von den westlichen, auf der Doggerplatte gelegenen Werken der deutschen Festung Metz trennt. Das Aneinanderrücken ist die Folge geringerer Mächtigkeit der Schichten im Süden, welche ihrerseits durch tektonische Bewegungen bedingt ist, welche während der Zeit der Ablagerung im Vogesensattel stattfanden [1]). Wer irgend eine der Platten mit aufmerksamem Auge durchquert hat, weiß sich eine genaue Vorstellung ihrer Oberflächengestaltung auf der ganzen Strecke des Verlaufs zu machen und bedarf keines ausführlichen Studiums der topographischen Karten. Deshalb glaube ich, daß solche vereinfachte geologische Karten tatsächlich eine wesentliche Erleichterung beim Lesen der Orographie bieten und eine weit raschere und vollständigere Übersicht gestatten als diese [2]).

Wie die einzelnen Stufen im senkrechten Schnitt aufeinander folgen, zeigt die Zeichnung Nr. 9. Eine Ausnahme von diesem Verhalten findet

[1]) Näher als anderswo im nördlichen Lothringen rücken Lias- und Doggerplatte bei Metz infolge von Verwerfungen zusammen: „Durch Metz zieht in nordöstlicher Richtung eine weit verfolgbare Verwerfung durch, dem Seilletal ist durch eine an ihr abstoßende, N-S verlaufende Verwerfung der Weg vorgezeichnet. An beiden Störungen liegen die Schichten auf der Westseite tiefer, und zusammen haben sie die Wirkung gehabt, daß Lias- und Doggerplateau hier bei Metz enger aneinander gerückt sind als anderswo. Die Mosel wurde durch die erstere aus ihrer Nordsüdrichtung in eine Nordostrichtung und zur Vereinigung mit der Seille gedrängt. Das erklärt die erste Anlage von Metz und seine Bedeutung als Festung." L. van Werveke, Vic und Metz, „Die Vogesen", Straßburg i. E., 8. Jahrg. Nr. 11, S. 128.

[2]) Nach dem Vortrag meinte Herr Professor Sapper, daß auch die Geographen derartige Karten gut brauchen könnten. Daran wurde ich lebhaft erinnert, als ich acht Tage später den Abschnitt Lothringen in A. Philippson, „Der französische Kriegsschauplatz" las (Hettners Geograph. Zeitschr. Leipzig 1915, S. 255—263). Der Satz: „Nordöstlich streichende untergeordnete Faltungen haben keinen Einfluß auf die Oberflächengestaltung" (S. 255) verkennt vollständig die große Rolle, welche der lothringische Hauptsattel auf die Gestaltung Lothringens ausübt. Er macht sich, wie gezeigt wird, von der Muschelkalkplatte bis in die Malmplatte hinein bemerkbar.

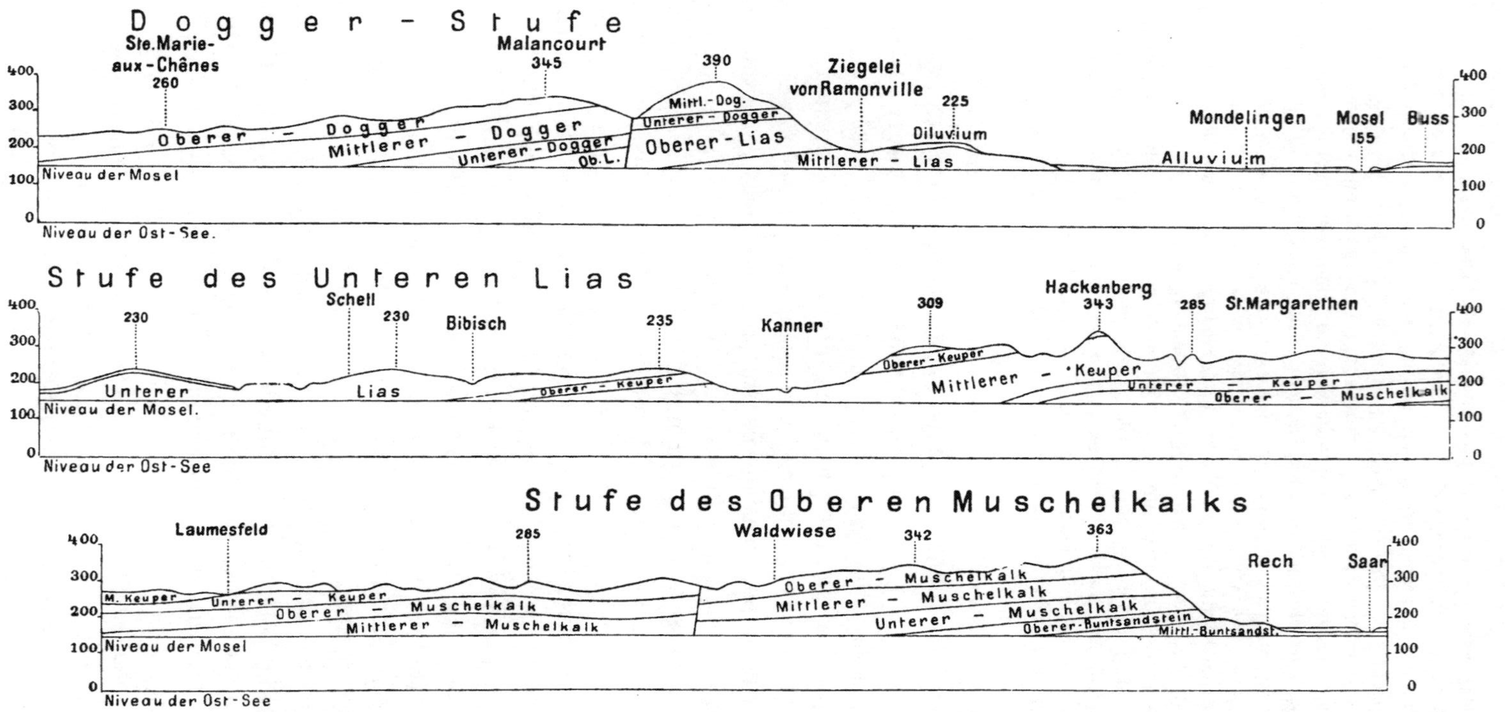

Dogger - Stufe
Ste.Marie-aux-Chênes 260
Malancourt 345
390
Ziegelei von Ramonville
225
Mondelingen
Mosel 155
Buss
Oberer - Dogger
Mittlerer - Dogger
Unterer - Dogger
Ob.L.
Mittl.-Dog.
Unterer - Dogger
Oberer - Lias
Diluvium
Mittlerer - Lias
Alluvium
Niveau der Mosel
Niveau der Ost-See.
400
300
200
100
0
Stufe des Unteren Lias
230
Schell
230
Bibisch
235
Kanner
309
Hackenberg 343
285
St.Margarethen
Unterer
Lias
Oberer - Keuper
Oberer - Keuper
Mittlerer - Keuper
Unterer - Keuper
Oberer - Muschelkalk
Niveau der Mosel.
Niveau der Ost-See
Stufe des Oberen Muschelkalks
Laumesfeld
285
Waldwiese
342
363
Rech
Saar
M. Keuper
Unterer - Keuper
Oberer - Muschelkalk
Mittlerer - Muschelkalk
Oberer - Muschelkalk
Mittlerer - Muschelkalk
Unterer - Muschelkalk
Oberer-Buntsandstein
Mittl.-Buntsandst.
Niveau der Mosel
Niveau der Ost-See

Zeichnung 9.

sich zwischen Kurzel a. d. Nied (Courcelles a. d. Nied) und Pelter (Peltre), wo die Liasplatte durch Verwerfungen in tieferer Lage verblieben ist. Nur dadurch war es möglich, die Bahn Metz-Straßburg ohne wesentliche Steigung auf die Liasstufe und über die Wasserscheide zwischen Nied und Mosel zu führen. Die Malmplatte fehlt, weil mir eine passende topographische Grundlage nicht zur Verfügung steht. Die Kalkplatten neigen sich hauptsächlich gegen W und SW, wegen des Sattelbaues[1]) aber auch gegen NW und SO. Darüber gibt die tektonische Karte am besten Aufschluß, wenigstens für einen Teil des Gebietes, die ich erstmalig den Begleitworten zur Höhenschichtenkarte beigefügt habe. Nahe dem oberen Rand der gegen Westen geneigten Doggerplatte hatten die Franzosen in 1870 bei St. Privat die bekannte vorzügliche Verteidigungsstellung gefunden[2]). Ganz ähnliche Stellungen bieten die übrigen Platten an ihren oberen Rändern. Bei Dauerstellungen ist mit dem Vorteil der günstigeren Lage aber ein Nachteil in der Wasserversorgung verbunden, die am unteren oder tieferen Rande leichter durchgeführt werden kann als am oberen. An diesem beginnt das Aufnahmegebiet für Wasser, die einzelnen Wasserfäden können sich also noch nicht zu stärkeren Adern oder gar zu Grundwasserbecken sammeln, wie dies im unteren Teil der Platte möglich ist.

Mein Gedanke, besondere zu Kriegszwecken geeignete geologische Karten herzustellen, ist in der kriegsgeologischen Literatur von Dr. Friedrich König[3]), Korrespondent der K. K. geologischen Reichsanstalt in Wien aufgenommen und besonders in bezug auf Ausführung weiter verfolgt worden. Er betont ganz richtig, daß der Geologe selbst um so unentbehrlicher ist, je schwieriger der geologische Bau eines Gebietes zu enträtseln ist. Für Österreich-Ungarn kommt nach König nur die Karte 1:200000 in Betracht. „Die Ziele und der Bedarf der Militärgeologie laufen hier ganz parallel mit denen der Landeskultur, des friedzeitlichen Verkehrsbaues und der Technik überhaupt wie auch der Geomorphologie." „Die Forderungen, sagt König weiter, die man eine solche vereinfachte geologische Karte richten kann, sind neben selbstverständlicher wissenschaftlicher Richtigkeit und möglichst vielen Ausscheidungen scharfe Hervorhebung des praktisch Wichtigen bei entsprechender Billigkeit und des rascheren Erlernen des Schlüssels. . . . . Die nur in einer Farbe (im großen) durchzuführende

[1]) s. Anhang Nr. 7

[2]) L. van Werveke, Vic und Metz, S. 129.

[3]) Über die Kriegsgeologie und die kartographische Seite dieser Frage. — Kartographische und Schulgeographische Zeitschrift, Wien, Oktober 1915, Heft 8, S. 10—13 des Sonderabzuges.

Die Herbeiführung des Verständnisses der topographischen Karten auf Grund des geologischen Aufbaues des dargestellten Gebietes regt auch K. Walther (Montevideo) an in einem Aufsatz: Geologische Unterweisung des Offiziers im Frieden. — Geologische Rundschau, Bd. 6, Leipzig 1915, S. 424—425.

Methodik des Überdruckes ist durch Flächen, Striche, Strichreihen, Schlangenlinien und Punktraster etc. nach Art geomorphologischer und tektonischer Schwarzweißkarten durchzuführen.“ König glaubt, auf diese Weise 40—50 Ausscheidungen machen zu können, „die sich durch die Art der Striche selbst erklären und deren Zahl durch Buchstabenbezeichnungen noch erhöht werden kann. Auf die weiteren Ausführungen kann ich hier nicht eingehen und will nur die Hoffnung aussprechen, daß es dem Verfasser möglich sein wird, an einem Beispiel seine Absichten zur Darstellung zu bringen. Erst dann wird sich ein Urteil über die Brauchbarkeit abgeben lassen.

Daß man mit einer einzigen Farbe ziemlich viele, in diesem Fall 16, Ausscheidungen in übersichtlicher Weise erzielen kann, beweist die von der Schwedischen geologischen Landes-Untersuchung im Jahre 1870 im Maßstab 1 : 200000 veröffentlichte geologische Übersichtskarte über die Bergarten von Östra Dal. Die Situation ist in schwarz, die geologischen Ausscheidungen sind in einem kräftigen, aber das Auge nicht belästigenden Rot gedruckt.

II.

Von großer Wichtigkeit, nicht nur für die Kriegsführung und das Aushalten im Kriege, sondern auch für die Friedensverhandlungen ist die Kenntnis der Verbreitung der nutzbaren Mineralien[1]). Wir haben ihr an der Geologischen Landesanstalt immer ein besonderes Augenmerk gewidmet. In der Reihenfolge des geologischen Alters angeordnet kommen für eine nutzbringende Ausbeute im Reichsland und im anstoßenden besetzten Gebiet von lagerhaft vorkommenden Mineralien Kohle, Salz, Eisen, Kalisalz und Petroleum (nebst Asphalt) in Betracht. Den großen Reichtum, den sie darstellen, verdanken wir dem Umstand, daß unsere Gegenden lange Zeiten von Binnenseen oder von Meeresbuchten überdeckt oder auch nahe an der Küste gelegen waren. Von untergeordneterer Bedeutung sind Anhydrit, Gips, bituminöser Schiefer, Kupfer und Bleierze.

Bildungen in einem Binnensee sind die Kohlen, welche der Oberen Kohlenformation eingeschaltet vorkommen. Rechts der Saar geht diese

[1]) Vgl. die Karte: Nutzbare Mineralien in Elsaß-Lothringen, Maßstab 1 : 1350000. — Meyers Konversations-Lexikon, 6. Aufl., Bd. 23. (Zusammengestellt von Bücking.)

Abteilung in der Rheinprovinz und in der Pfalz auf weite Erstreckung in einer in SW—NO streichenden Aufsattelung zutage, links der Saar ist sie überall von jüngeren Schichten überdeckt. In ihrer vermuteten Fortsetzung ist in Deutsch-Lothringen die Trias zu einem Sattel, dem lothringischen Hauptsattel, herausgehoben, was zu der Ansicht führte, daß die Aufsattelung in den jüngeren Schichten auf einer Nachwirkung der gleichen Erscheinung im tiefer liegenden Kohlengebirge beruhe. Wir finden diese Theorie der wiederkehrenden Bewegung, die Suess als posthume bezeichnet hat, schon im Jahre 1854 bei dem Minen-Ingenieur Jacquot[1]) in Metz, dem Verfasser der Beschreibung zur Karte des Moseldepartementes. Er sah jedoch die Ursache der Aufwölbung in vulkanischen Vorgängen, nicht in tektonischen, die wir heute annehmen. Diese Theorie diente Jacquot zur Wahl der Richtung, in welcher die südwestliche Fortsetzung des Saarbrücker Kohlengebirges in Lothringen unter den jüngeren Schichten aufzusuchen sei, wie er glaubte, bis in die Gegend von Metz; er riet an, die Versuche auf der Aufwölbung anzusetzen, durch welche der Muschelkalk gegen SW bis zur Nied vorspringt. In einem Vortrag in Markirch im Jahre 1900[2]) sprach ich mich in demselben Sinne aus und bemerkte, daß die Tatsache zur Ausführung von Versuchen ermuntere, daß die gleichen Flözzüge auf lothringischem Gebiet mächtiger sind als bei Saarbrücken. Erst in 1900 in Deutsch-Lothringen und 1903 in Französisch-Lothringen kam dieser Gedanke zur Ausführung. Die theoretische Auffassung erwies sich im großen ganzen als zutreffend, nicht aber in ihren Einzelheiten. Im Jahre 1904 wies ich[3]) darauf hin, daß der lothringische Hauptsattel in 2 Teilsättel zerfalle, und daß man bei der Wahl der Versuchspunkte diesem Umstand Rechnung tragen müsse.

Wo die Schichtenfolge rechts der Saar ganz erhalten geblieben ist, folgen auf die Kohlenformation mächtige Schichten des Unteren und Oberen Rotliegenden. Infolge starker Bewegungen, welche sich nach dem Unter-Rotliegenden vollzogen, legen sich aber in der Saarbrücker Gegend die

---

[1]) Quelques observations géologiques sur la disposition des masses minérales dans le département de la Moselle par E. Jacquot. — Procès-verbaux des séances des assises scientifiques tenues à Metz en juillet 1854. Metz 1854, S. 8 des Sonderabzuges.

[2]) Die Kohlenablagerungen des Reichslandes. — Mitteil. d. Philomath. Ges. in Elsaß-Lothr. Bd. 2, Jahrg. 8, 1900, 241—260 (vgl. S. 256). Diese Äußerung, ein Vortrag auf einer Versammlung der Philomathischen Gesellschaft in Markirch (28. 10. 1900) wurde sofort von französischer Seite berücksichtigt und bei den ersten Schritten zur Erschließung des französischen Kohlenbeckens verwertet. (Vgl.: Sociétés lorraines des charbonnages réunies, Rapport du conseil d'administration à l'Assemblée extraordinaire des actionnaires du 18 Févr. 1907. Nancy 1907, 2. (In der Bibliothek der geologischen Landesanstalt.)

[3]) Der lothringische Hauptsattel und seine Bedeutung für die Fortsetzung des Saarbrücker Kohlensattels. — Zentralblatt für Mineralogie, Geol. u. Pal., 1904, 390—395. Mit einem Kärtchen 1 : 500000.

obersten Schichten des Ober-Rotliegenden, öfters aber sogar der Buntsandstein, auf die kohlenführenden Schichten unmittelbar auf. Nur unter der Annahme, daß ähnliche Verhältnisse auch weiter südwestlich herrschen, konnte man überhaupt erwarten, die Flöze zu erreichen. Der Nancyer Geologe Nicklès[1]) nahm an, daß ursprünglich in Französisch-Lothringen die ganze Schichtenfolge des Saarbeckens entwickelt gewesen, aber im Sattel bis auf die flözführenden Schichten abgetragen worden sei. Schon vorher hatte ich aber in meinem Vortrag in Markirch angenommen, daß die gesamte Schichtenfolge schon früher unterbrochen worden sei, und zwar infolge von Bewegungen, welche die westlicheren Gebiete herausgehoben haben[2]). „Wohl werden wir," sagte ich, „unter der Triasüberlagerung und unter Oberrotliegendem noch Ottweiler Schichten erwarten dürfen, aber keine Cuseler, Lebacher und Tholeyer Schichten". Diese Ansicht ist durch keine der zahlreich ausgeführten Bohrungen widerlegt worden.

Die Ergebnisse der ausgeführten Bohrungen sind für Französisch-Lothringen nicht besonders erfreulich verlaufen, immerhin aber doch so, daß ein bergbaulicher Versuch ausgeführt würde, falls hierzu die Regierung die Erlaubnis erteilte. Parteiansichten habe diese bisher zurückgehalten. Die Auffassung der Großindustriellen über die Verbreitung des bauwürdigen Kohlengebietes gibt die beigefügte Tafel wieder. Sie ist eine Verkleinerung der ursprünglichen Zeichnung, auf welcher die französischen Ortsnamen, soweit sie auf deutsches Gebiet fallen, ins Deutsche umgeändert sind. In den Lücken, die den Kohlenzug unterbrechen, liegt die Kohle infolge Störungen[3]) so tief, daß an Abbau nicht zu denken ist.

In der Kreuzwalder Ebene stellt sich das Kohlengebirge bei Rosseln (Schacht St-Charles) unter einer Bedeckung von 75 m, in Spittel (Schacht III)

---

[1]) R. Nicklès, De l'existence possible de la houille en Meurthe-et-Moselle et des points où il faut la chercher. — Nancy 1912.

[2]) Kessler erwähnt sie in seiner Arbeit, die sich besonders mit den tektonischen Bewegungen im Saarkohlenbecken befaßt, nicht, wie er auch zu erwähnen vergessen hat, daß die Diskordanz zwischen Mittleren und Oberen Saarbrücker Schichten in der Grube Huf nach Angaben der Grubenbeamten zuerst von mir veröffentlicht worden ist. (L. van Werveke, Holzer Konglomerat und Grundkonglomerat des Vogesensandsteins, Eisenkies im Buntsandstein in der Grube La Houve (jetzt Huf) bei Kreuzwald. — Mitteil. Philomath. Ges. in Els.-Lothr., Bd. 4, Jahrg. 20, 1912, 765—769.) Der Titel der Arbeit von Kessler lautet: Versuch einer zeitlichen Festlegung der Störungsvorgänge im Saar-Nahe-Gebiet. Sie wurde veröffentlicht in: Geologiscbe und paläontologische Abhandlungen N. F. Bd. 13, Heft 3. In der Zusammenfassung auf S. 93—94 vermißt man sehr das Auseinanderhalten der früher gewonnenen und der neuen Ergebnisse.

[3]) Infolge von Störungen ist der Wert der im Reichsland verliehenen Kohlenfelder ein sehr verschiedener, indem günstiger gelegene Rücken durch tiefe Gräben getrennt sind. Es wäre ein Fehler, alle Felder gleich einzuschätzen. Ich habe schon im Jahre 1910 auf Grund zahlreicher von mir untersuchter Bohrungen eine Übersichtskarte über die Gräben und Rücken zusammengestellt, doch darf dieselbe auch heute noch nicht veröffentlicht werden.

von 172 m ein. Auf dem Muschelkalkplateau wurde das Kohlengebirge in Falkenberg bei 590 m Tiefe, in Baumbiedersdorf bei 405 m und in Bolchen bei 462 m angetroffen. In Französisch-Lothringen[1]) beträgt die geringste Tiefe, in welcher das Kohlengebirge erreicht wurde, 659 m, die größte 955 m. Der erstere Punkt, Eply, befindet sich im Nordosten, der zweite, Greney, im Südwesten des Gebietes. In bezug auf Normal-Null liegt die Oberfläche des Kohlengebirges in Eply bei — 480 m, in Greney bei — 724 m; das Einsinken des Kohlengebirges nach Südwest macht sich durch diese Zahlen deutlich bemerkbar.

Von den aufgeschlossenen Schichten gehören nach den pflanzenpaläontologischen Bestimmungen von Zeiller zu den Ottweiler Schichten (Magerkohlen): Abaucourt und Laborde; zu den hangenden Flammkohlen: Dombasle und Greney; zu den liegenden Flammkohlen: Martincourt und Lesménils; zu den Fettkohlen: Eply und Atton. Die Hauptabteilungen des Saarbrücker Kohlengebirges sind demnach noch sämtlich vertreten. Die Flözführung ist aber wesentlich ärmer als weiter nordöstlich[2]).

An sich bauwürdige Flözfolgen sind nur in Eply, Dombasle und Abaucourt vorgefunden worden. In Eply, wo das Kohlengebirge bei 659 m erreicht und ein unbedeutender Kohlenfund bei 691 m gemacht worden war, hat man zwischen 1273 und 1505 m, also auf 232 m, 8 Flöze festgestellt, von denen sieben abbauwürdig erscheinen. Ihre Mächtigkeit schwankt von 0,50 bis 1,36 m, die Gesamtmächtigkeit beträgt 6,70 m oder nahezu 3 Prozent der Schichtenfolge. Das Fallen wechselt von 8 bis 12 Grad. In Dombasle stieß man sofort unter der Überlagerung auf flözführende Schichten und durchsank auf eine Schichtenmächtigkeit von 311 m vier Flöze, von denen drei bauwürdig sind und Mächtigkeiten von 2,00, 0,65 und 2,06 m aufweisen. Der Prozentgehalt der Schichtenfolge an Kohle beträgt 1,5. Das Einfallen ist stärker als in Eply und mißt 35 bis 45 Grad. In Abaucourt kommen auf eine Schichtenfolge von 504 m vier bauwürdige Flöze mit 2,50, 0,90, 1,20 und 0,86 m Mächtigkeit. Der Gehalt der Schichtenfolge an Kohlen ist etwas mehr als 1 Prozent. Das Fallen der Schichten beträgt 12 bis 18 Grad. Die beste Flözfolge lieferte das Bohrloch Eply, doch ist hier die Tiefenlage am größten. Die Temperatur steigt von 39,5 Grad in den oberen Teufen des Kohlengebirges bis zu 69 Grad in den unteren Teufen. In Dombasle ist die Temperatur beim Beginn des Kohlengebirges 33,8°, bei 1200 m 44,7°, in Abaucourt bei 1338 m 44°. Diese hohen Temperaturen werden den Abbau sehr erschweren[3]).

---

[1]) Nach L. van Werveke, Die Versuche zur Aufschließung von Kohle bei unseren westlichen Nachbarn. I, Straßburger Post, 1909, Nr. 888 II, Ebenda, Nr. 892.

[2]) s. Anhang Nr. 8.

[3]) s. Anhang Nr. 9.

Außerdem wird das Abteufen der Schächte mit großen Schwierigkeiten zu kämpfen haben, weil der Buntsandstein, der in den drei genannten Bohrlöchern bei 354, 503 und 492 m Tiefe beginnt und Mächtigkeiten von 305, 390 und 338 m aufweist, außerordentlich reich an Wasser ist, das zudem unter hohem Druck steht. In Eply stieg die Menge des im Bohrloch artesisch aufgeschlossenen Wassers bis zu 16,3 cbm in der Minute, in Dombasle auf 4 cbm und in Abaucourt auf 7,5 cbm. Einen Maßstab für die Schwierigkeiten, welche man zu überwinden haben wird, mag der Hinweis auf die beiden Schächte in Folschweiler bei St. Avold bieten, welche bei 218 bzw. 220 m wegen zu großen Wasserandranges eingestellt werden mußten, nachdem nach einer Angabe 12, nach anderer Angabe 16 Millionen ausgegeben worden waren. Die Art des Zementierverfahrens, die hier erprobt wurde und sich auf die Gesamtmächtigkeit der wasserführenden Schichten bezog, wird man aber anderwärts kaum noch anwenden; dagegen kann stückweises Zementieren von der Schachtsohle aus wohl zum Erfolg führen.

Aus den für die einzelnen Abteilungen nachgewiesenen Mächtigkeiten glaubt man für das Kohlengebirge im Meurthe- und Moseldepartement noch eine Mächtigkeit von mehr als 4000 m annehmen zu können. Es muß sich also noch weit forterstrecken, und eine ganze Reihe von Bohrungen hat diese Fortsetzung festzustellen versucht. Von einer Bohrung zu Saint-Martin-lez-Rouen liegt eine Meldung vom 14. Februar 1907 vor, wonach diese bei 260 m in die Juraformation eingedrungen sei. Weitere Meldungen sind mir nicht bekannt. Am Rande der Ardennen standen die Bohrungen von La Capelle (62,5 km westnordwestlich von Mézières bei Sedan), Guise (80,5 km westlich derselben Stadt) und Boulzicourt (7 km südlich von Mézières). Sie drangen in Tiefen von 91, 280 und 484 m aus Kreide (La Capelle) oder Lias in das Devon ein. Jedem, der nicht allzu großem Optimismus huldigt, mußten diese Versuche von vornherein als aussichtslos erscheinen. Immerhin haben sie ein wissenschaftliches Interesse, indem sie zeigen, daß das Übergreifen der jüngeren über die älteren Schichten, von Kreide, Jura und Trias über das Devon, in derselben Weise in der Tiefe, entfernter vom Rande des alten Gebirges, der Ardennen, stattfindet, wie weiter östlich über Tage. Je älter die Schichten, um so weiter rücken sie von den Ardennen ab. In Belleville bei Verdun wurde ein Bohrloch im Weißen Jura angesetzt und bei 1000 m Tiefe im unteren Teil des Lias eingestellt. Von besonderer Bedeutung war eine Bohrung in Longwy-Bas, nicht weit von der luxemburgischen und auch von der deutsch-lothringischen Grenze. Sie war im Unteren Braunen Jura angesetzt, durchsank den Lias in großer Mächtigkeit, traf die Trias in der ihr am Rande der Ardennen zukommenden Entwicklung und als unterstes Glied derselben Oberen Buntsandstein. Dieser lag in der Tiefe von 771 m unmittelbar auf devonischen Schiefern auf. Mittlerer Buntsandstein, Rotliegendes und Kohle fehlen. Damit war die Richtigkeit der Ansicht bewiesen, die ich bereits im Jahre 1903[1]) begründet und ausgesprochen hatte, daß man mit dem Vorkommen der Kohlenformation im Untergrund des Großherzogtums Luxemburg nicht zu rechnen habe. Einen Aufsatz, welchen ich in den Mitteilungen der Geologischen Landesanstalt über die Bohrung in Longwy[2]) veröffentlichte, schloß ich mit der Äußerung, daß der Nachweis der Auflagerung von Oberem Buntsandstein auf Devon das Vorkommen der Kohle weit außerhalb dieses Gebietes gegen Süden und Südosten verschiebe, und daß man, aus der Gegend von Longwy kommend, wohl zuerst die Ottweiler Schichten erreiche, wahrscheinlich erst südlich von Briey. Inzwischen ist eine Bohrung 6,5 km nordöstlich von Briey im Conroy-Tal oberhalb Groß-Moyeuvre auf französischem Gebiet, unmittelbar neben der Landesgrenze, niedergebracht worden, über deren Ergebnisse nur wenig bekannt ist. Sicher scheint, daß keine Kohle gefunden wurde. Die Bohrung hat eine salzreiche Thermalquelle[3]) (von 53° Celsius) aufgeschlossen und ist in einer Tiefe aufgegeben worden, die angeblich 1140 m beträgt, nach anderen Angaben[4]) 1200 m.

Eine wesentlich günstigere Beurteilung hatte die Bohrung von Longwy durch den Nancyer Geologen Joly erfahren. Er glaubte, eine Kohlenbucht annehmen zu können, welche sich aus der Gegend von Pont-à-Mousson unter dem Minettegebiet hindurch gegen N bis Longwy, gegen NO bis in die Luxemburger Bucht erstrecke. In einer Zeichnung dieser Bucht gab er mit schwarzen Höhenlinien mit je 100 m Abstand die Sohle des Kohlengebirges an, mit roten, im gleichen Abstand gezogenen Linien, sein Dach. Der Abstand zwischen beiden Linien sollte der Mächtigkeit der Formation entsprechen. Der Verfasser glaubte, daß das Karbon, falls es in dem von

---

[1]) Geologisches Gutachten über die Frage, ob die Steinkohlenformation im Großherzogtum Luxemburg aufgefunden werden kann. Abgegeben am 24. August 1903. Mit Taf. I—III. Nachtrag: Die Bohrungen in den Nachbargebieten und die Schlußfolgerungen, welche sie auf die Bohrungen auf Kohle in Luxemburg gestatten. Abgegeben Ende Januar 1907. Mit 1 Blatt Profile. — Bulletin mensuel, Organe officiel de l'Association des Ingénieurs et Industriels luxembourgeois. 1908. 20—24, 35—44, 51—60 und 69—73. Auch als Sonderabdruck, Luxemburg 1908.

[2]) Zur Frage des Vorkommens von Kohle in der Gegend von Longwy sowie im Großherzogtum Luxemburg und über die Randausbildung der Trias in der luxemburgischen Bucht. Mitteil. Bd. 6. 1908, 341—360.

[3]) L. van Werveke: Das Vorkommen von Mineral- und Thermalquellen im lothringischen und luxemburgischen Buntsandstein und die Möglichkeit der Aufschließung von warmen Quellen im Moseltal. Mitteil. Geol. L.-A. von Els.-Lothr. 1909, Bd. VII, 91—114 (vgl. S. 113-114).

[4]) Krecke, Eisenerz und Kohle in Deutsch-Lothringen. Glückauf, Essen 1910, 4—9. — Gabriel Sépulchre, Le bassin houiller de la Lorraine. La Technique moderne, 1910 (mir nur im Sonderabdruck bekannt).

ihm angenommenen Umfang besteht, den Ottweiler und dem oberen Teil der Saarbrücker Schichten angehört. Man könne also die Schwalbacher und die Wahlschieder Flöze, das Holzer Konglomerat und die oberen Flammkohlen treffen. Wenig wahrscheinlich sei es, daß die unteren Flammkohlen vorgefunden werden könnten.

Meine vollständig entgegengesetzte, oben ausgesprochene Auffassung stützte sich, wie die von Joly, auf die Untersuchung der Bohrkerne, wozu mir die Erlaubnis durch den bekannten Hüttenbesitzer in Longwy, Herrn de Saintignon, erteilt wurde, der die Bohrung hatte ausführen lassen. Ich konnte mich bei der Deutung der Kerne auf meine früheren, ausführlichen Untersuchungen am Rande der Ardennen stützen, während diese Kenntnisse Herrn Joly abgingen. Sein Rotliegendes deutete ich als Oberen Buntsandstein, und die Deutung nach der Gesteinsausbildung wurde durch erneute, von mir angeregte genauere Untersuchungen von Nadelholzresten bestätigt, die derselbe Pflanzenpaläontologe, Herr Professor Zeiller in Paris, früher unrichtig bestimmt hatte. Es lag eine Verwechslung von Voltzia heterophylla mit Walchia piniformis vor.

Aus den Arbeiten von Joly geht hervor, daß er die luxemburgische mesozoische Bucht im Anschluß an ältere Anschauungen als eine ursprüngliche aufgefaßt hat; dadurch kam er zur Zeichnung einer gleich gerichteten Kohlenbucht. Die erste Ansicht ist aber, wie ich[1]) nachgewiesen habe, irrtümlich; die Bucht ist nicht eine ursprüngliche, durch ihre Entstehung bedingte Erscheinung, sondern ist nachträglich infolge von Verwerfungen und Abtragungen entstanden. Der erste Fehler zog den zweiten folgerichtig nach sich. Man erkennt darin die Bedeutung, welche die Ansichten über die Entstehung der zutage gehenden geologischen Abteilungen auf die Verbreitung der in der Tiefe verborgenen haben können. Die Jolysche Ansicht setzt für die Zeit der Entstehung ein östliches Ufer voraus, die meinige ein westliches. Es ist die Folge der Fortsetzung der Bewegungen, welche sich in der Kohle und im Rotliegenden im Westen bemerkbar gemacht haben.

Auf deutsch-lothringischem Gebiet[2]) reicht die Kohlenformation gegen N nicht bis an die Nied. Der Kohlenfund bei Busendorf, den ich früher erwähnt habe[3]), war ein trügerischer. Fünf andere in der Nähe angesetzte

[1]) Die ursprüngliche Umrandung der Trierer und Luxemburger Bucht und die Versandungen im Lias innerhalb dieser Bucht. — Berichte über die Versammlungen des Niederrhein. geolog. Vereins in Trier, 1910, S. 37—47.

[2]) Vgl. Karte der nutzbaren Lagerstätten Deutschlands, 1:200000. Berlin, 1908. — Max von Kornatzki: Die Eisen- und Kohlenindustrie in Südwest-Deutschland und den angrenzenden Staaten mit dem dortigen Eisenerzbau, 1:125000, Charlottenburg 1912, Selbstverlag des Verf.

[3]) Erläuterungen zu Blatt Saarbrücken der Geologischen Übersichtskarte von Elsaß-Lothringen 1:200000. Straßburg 1906, S. 121.

Bohrungen haben ihn nicht bestätigen können. Eine im Jahre 1906 bei Colmen, 7 km nördlich von Busendorf, ausgeführte Tiefbohrung durchsank nach der von mir vorgenommenen Untersuchung der Bohrkerne von 610 bis 946,5 m Porphyritkonglomerate sowie Porphyritdecken[1]) und wurde in dieser Tiefe in Porphyrit aufgegeben. Indem er sich auf Leppla und die Ergebnisse der neueren Aufschlüsse bezieht, nimmt Böcker[2]) an, daß ein gegen SW sich erstreckender Devonzug, von dem ein Teil bei Düppenweiler zutage geht, ein anderer Teil bei Alzingen erbohrt ist, tatsächlich die äußerste nördliche Begrenzung der Karbonformation bildet, und daß nördlich derselben eine zweite Karbonmulde nicht zu erwarten ist.

Auch gegen Südwest[3]) ist man mit Versuchen weit über die erwähnten Sattelscheitel hinausgegangen. Eine Bohrung bei Brin im Tal der Seille ist bei 893,50 m aus dem Buntsandstein ins Rotliegende übergetreten und hatte diese Formation bei 1205 m noch nicht durchsunken. 26,4 km südöstlich von Brin wurde ein Bohrloch in Mont bei Lunéville abgeteuft. Unter der Trias fuhr man bei 505 m Tiefe mächtiges Rotliegendes mit eingelagerten Decken von Eruptivgesteinen an. Darunter folgten bei 1172 m Untere Ottweiler Schichten, und in diesen bei 1197,50 m eine 5—7 cm dicke, harte Kohlenader. Die Einstellung der Arbeiten erfolgte bei 1428 m. Noch weiter gegen Südost setzte man ein Bohrloch bei Gironcourt, 15 km westlich von Mirecourt, an. In 700 m Tiefe traf man ein Flöz von 0,70 m Mächtigkeit und bei 823 m ein zweites, das in 2 durch 0,4 m Schiefer getrennten Lagen 0,6 m Kohle aufwies. Nach den vorgefundenen Pflanzen handelt es sich, wie in Mont, um Untere Ottweiler Schichten.

Weitere Bohrungen sind ausgeführt worden: bei Jevoncourt, halbwegs zwischen Gironcourt und Mont, bei Aulnois, westsüdwestlich von Gironcourt an der Bahnlinie von Mirecourt nach Neufchâteau, bei Foulain (Haute-Marne) südöstlich von Chaumont und bei Brion sur Ource (Côte d'or). Die drei zuletzt genannten Bohrungen drangen aus dem Vogesensandstein in kristalline Gesteine ein, das von Jevoncourt stieß auf mächtiges Rotliegendes.

Im Anschluß an die Mitteilung der vorstehenden Feststellungen warf ich die Frage auf, ob es ratsam sei, auch diesseits der Grenze in den entsprechenden Gebieten mit Versuchen vorzugehen. Ich beantwortete die

[1]) Profil und petrographische Untersuchung der Gesteine in: W. Bruhns, Eruptivgesteine aus Tiefbohrungen in Deutsch-Lothringen. — Mitteil. Geol. Landesanstalt von Elsaß-Lothr. 1907/08, Bd. VI, S. 253—270.

[2]) Pfalz-Saarbrücken-Lothringer Steinkohlenbecken. — The Coal Resources of the World, Toronto, Canada 1913, 847—860. Vgl. S. 852.

[3]) Ausführlicher in meinem Aufsatz: Die Versuche zur Aufschließung von Kohle bei unseren westlichen Nachbarn. Straßburger Post 1909, I, Nr. 888; II, Nr. 892.

Frage mit Nein. Wegen der Begründung verweise ich auf die Erläuterungen zu Blatt Saarbrücken 1:200000 (S. 121) und auf den genannten Aufsatz in der Straßburger Post. Das Kohlengebirge ist auf große Strecken zu beiden Seiten des Kohlensattels verfolgt. Daß weitere Versuche ein wesentlich günstigeres Bild schaffen werden, ist nicht zu erwarten. Die Saarbrücker Schichten kommen nur im Sattel selbst vor, in den Flügeln sind lediglich die flözarmen Ottweiler Schichten angetroffen worden. Unter ihnen mögen auf gewisse Erstreckung die Saarbrücker noch fortsetzen, meistens werden sich aber die Ottweiler Schichten unmittelbar auf älteres Gebirge auflegen. Entschieden sind in dem weiteren Gebiet, auf das sich die Bohrungen verteilten, noch große Schätze vorhanden. Was aber von ihnen gehoben werden kann, muß die Zukunft lehren, der auch im Bergbau manches gelingen wird, was heute auf große Schwierigkeiten stößt oder unmöglich erscheint. Für absehbare Zeit wird man aber mit Abbau nur im Sattel rechnen können und auch in diesem, wie schon gesagt, unter Schwierigkeiten, die um so größer werden, je weiter westlich die Schachtanlagen angesetzt sind.

Kohlige Gesteine, Graphit, Anthrazit und Kohle, denen sehr verschiedenes Alter zukommt, haben wir an mehreren Punkten der Vogesen, doch kommt allen diesen Vorkommen keine Bedeutung zu. Ich verweise auf meinen bereits genannten Aufsatz: Die Kohlenablagerungen des Reichslandes[1]).

Wertvoll ist das Kohlenbecken von Ronchamp am Südfuß der Vogesen, über welches eine Darstellung von Trautmann[2]) vorliegt. Die ganze Umrandung ist bis jetzt nicht bekannt. Sicher ist, daß sich das Becken, wie ich dies im Jahre 1900 geschlossen habe[3]), gegen NO nicht bis in das Gebiet des Reichslandes erstreckt. Eine später bei Bourg ausgeführte Bohrung sprach zugunsten dieser Auffassung. In der auf S. 70 genannten Arbeit von Defline wird die Kohle von Ronchamp als Fett- und Kokskohle mit 17—26% flüchtiger Bestandteile bezeichnet.

Der Vorrat wird wie folgt angegeben:

sicher	wahrscheinlich	möglicherweise
3	3	10 Millionen Tonnen.

---

[1]) Über gegenseitige Lage und Altersbeziehung vgl. außerdem: L. van Werveke, Die Trierer Bucht und die Horsttheorie. — Berichte Versamml. Niederrhein. geol. Ver. 1910, S. 12—37 (vgl. S. 29).

[2]) E. Trautmann, Bassin houiller de Ronchamp (Études des gîtes minéraux de la France), Paris 1885. 4°, 121 mit Atlas (1886).

[3]) Ist Aussicht vorhanden, im südlichen Teil des Oberelsasses durch Bohrungen Kohle aufzuschließen? Gutachten vom 15. Dez. 1900. — Mitteil. Geol. L.-A. v. Els.-Lothr., 1908, Bd. VI, 277—288.

Rotliegendes und Buntsandstein haben uns keine lagerhaft vorkommenden nutzbaren Mineralien hinterlassen. Durchsetzungen mit Blei- und Kupfererzen kommen dagegen in Lothringen sowohl im Vogesensandstein als auch im Oberen Buntsandstein vor und wurden früher auch mehrorts abgebaut, so in der Gegend von Hargarten, von Lubeln und St. Avold. Die Vorkommen von Lubeln waren in den letzten Jahren für erneute Versuche in Aussicht genommen worden, doch glaube ich nicht, daß ihnen Erfolg beschieden gewesen wäre.

Nutzbare Lagerstätten von Salz schuf die jüngere Trias in Lothringen im Mittleren Muschelkalk und im Unteren Keuper (Salzkeuper), beide Vorkommen in mehr oder weniger vom offenen Meer abgeschlossenen Buchten. Die beigefügte Tafel, welche auch die Verbreitung des lothringischen Salzes berücksichtigt, trägt diesem Umstande nicht gebührend Rechnung, auch gibt sie dieselbe in zu beschränktem Umfange an. Blatt Pfalzburg der Karte der nutzbaren Lagerstätten Deutschlands (1:200000), das von W. Bruhns unter Mitwirkung von v. Braunmühl bearbeitet ist und im Jahre 1908 von der Direktion der Geologischen Landesanstalt von Elsaß-Lothringen veröffentlicht wurde, gibt die „Grenze der nachgewiesenen Verbreitung des Steinsalzes“ für den Muschelkalk und für den Keuper mit besonderen Farben an. Im Salzkeuper finden wir ein zusammenhängendes Gebiet gezeichnet, im Muschelkalk zwei getrennte, das eine, lang bekannte, bei Saaralben, das andere, erst in neuerer Zeit durch Bohrungen aufgeschlossene bei Mulsach (Moussey), nordwestlich von Elfringen (Avricourt). Obgleich nur in diesen Gebietsteilen das Salz im Mittleren Muschelkalk durch Bohrung nachgewiesen — auch der bei Azoudange eingetragene Salzfund gehört in diese Abteilung — so kann doch kein Zweifel bestehen, daß die Lager von Saaralben im Zusammenhang nach Mulsach und darüber hinaus fortsetzen. Wir können das ganze Gebiet zwischen Saaralben, Mulsach, Lunéville, Nancy und Salzburg (Château-Salins) sicher als salzführend ansehen. Daß wir sogar darüber hinausgehen können, beweisen die Bohrungen Brin mit 71 m Salz, La Borde (14 m +), Raucourt (7,95 m) und Pont de Mons (34,45 m). In einer Bohrung bei Duß (Dieuze) wurden im Salzkeuper rund 70 m Salz in 19 Lagern, im Mittleren Muschelkalk 15,65 m Salz in 6 Lagern vorgefunden, zusammen 85,65 m. In Saaralben kommen in dieser letzteren Abteilung 17,5 m Salz in 4 Lagern vor. Die Mengen Salz, welche Lothringen birgt, sind also ganz ungeheuer. Unmittelbarer Abbau des Salzes findet in Deutsch-Lothringen nicht mehr statt, die früher vorhandenen Schächte sind ersoffen; alles Salz wird durch Solen gewonnen, das Muschelkalksalz in Saaralben, Salzbronn und Harras, das Keupersalz in Litzingen, Duß, Château-Salins und Kambrich. In Französisch-Lothringen wird das Keupersalz sowohl durch Solen, als auch durch Bergbau gewonnen. Die genannte Lagerstättenkarte gibt für Deutsch-Lothringen den Wert des aus wässeriger Lösung gewonnenen Salzes für 1905 zu 61124 t im Werte von 1475070 ℳ an. Der Wert des im ganzen deutschen Reich geförderten Salzes betrug in demselben Jahre 14786000 ℳ.

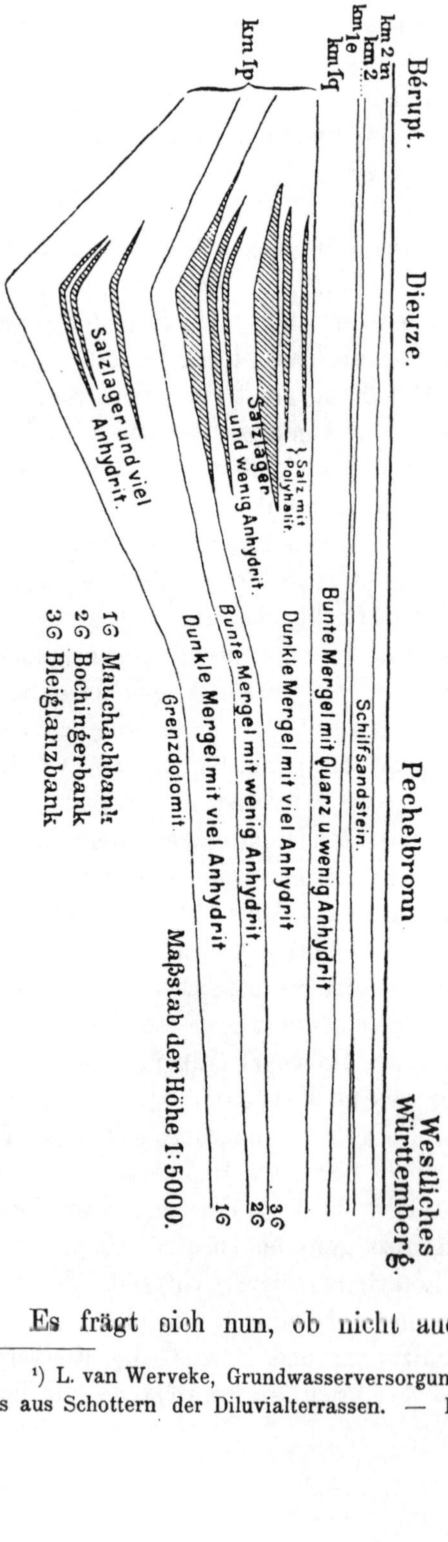

Zeichnung 10. Übersicht über die Stellung der lothringischen Salzlager im südwestdeutschen Unteren Keuper.

Auf das Salzvorkommen stützt sich die Herstellung von Soda in Saaralben, Duß, Château-Salins und bei Dombasle. Ihre Abwässer sind ein großer Nachteil für unsere Hauptflüsse. So ist z. B. das Moselwasser, das oberhalb der Mündung der Meurthe sehr rein ist, unterhalb derselben infolge zu hohen Chlorgehaltes als Kesselspeisewasser unbrauchbar. Sogar das Wasser des Wasserwerkes Metz-Süd ist dadurch ungünstig beeinflußt[1]). Die Kalke, welche zur Herstellung der Soda benötigt sind, werden an der Saar und am Delmer Rücken gebrochen. Die ersteren gehören dem Trochitenkalk an und folgen nicht hoch über den salzführenden Schichten des Mittleren Muschelkalks, die letzteren dem Mittleren Dogger.

Die Zeichnung 10 zeigt, in welcher Weise die Salzlager den sie umfassenden Schichten des Salzkeupers eingelagert sind.

In Norddeutschland und im Oberelsaß kommen mit mächtigen Lagern von Steinsalz reiche Lager von den für die Landwirtschaft so ungemein wichtigen Kalisalzen vor.

Es frägt sich nun, ob nicht auch mit den lothringischen Salzvor-

[1]) L. van Werveke, Grundwasserversorgung im deutsch-lothringischen Teil des Moseltales aus Schottern der Diluvialterrassen. — Das Wasser, 1913, 445—447 und 475—477.

kommen Kalisalzlager verbunden sind, oder ob Gründe vorliegen, welche die Möglichkeit des Vorkommens überhaupt ausschließen. Die Beantwortung der Frage liegt auf dem Gebiet der Tektonik. Die zahlreichen Bewegungen, die unser Boden im Laufe der Zeiten durchgemacht hat, waren bald heraushebende, es wurde Neuland geschaffen, bald senkende, das Meer drang in neue Gebiete ein oder eroberte von neuem früher verlassene. Die Zechsteinsalze des nördlichen und mittleren Deutschlands gehören einer Zeit an, in welcher das Meer sich angeschickt hatte, das ihm durch Hebungen nach dem Unterkarbon verloren gegangene, nunmehr sich wieder senkende Gebiet zurückzuerobern, die elsässischen Kalisalze stehen mit der Transgression in Verbindung, durch welche das Tertiärmeer infolge von Senkungen in das durch Heraushebungen nach dem Weißen Jura geschaffene Festland zurückkehrte. Nur mit Widerstreben sich senkende und durch bewegliche Barren abschließbare Buchten waren die Vorbedingungen zur Ablagerung der Kalisalze. Die Barre, welche die Zechsteinbucht vom Meere abschloß, lag in Süddeutschland. Auch unser Gebiet war damals dem Gebiet der Niederschläge entzogen, das Zechsteinmeer endete in der Pfalz. Darum fehlen uns die Zechsteinkalisalze. Nach dem Hinweis auf diese Tatsache wurde eine Bohrung in Dieuze eingestellt, durch die man gehofft hatte, Kalisalze zu erschließen. Das Abraten fällt dem Geologen überhaupt öfters zu als das Zuraten. Die Barre, die das Salzbecken des Rheintales abschloß, lag im Gebiet der Vogesen; das offene Meer dehnte sich westlich und nordwestlich davon aus, im Pariser und Belgischen Becken. In den erfolgten Ablagerungen läßt die Natur der Schichten einen vielfachen Wechsel von Aufwärts- und Abwärtsbewegungen erkennen. Bedeutende Diskordanzen in einem Teil des Beckens gestatten die Annahme, daß früher abgesetzte Salzlager schon während des Tertiärs in einem Teil des Bezirkes aufgelöst wurden, und gerade diese Salze mögen zur Bildung der Kalisalze beigetragen haben[1]). Auf ein geringeres Maß als in den beiden genannten geologischen Abteilungen waren die hebenden Bewegungen im Mittleren Muschelkalk beschränkt, die senkende Bewegung erlangte bald wieder die Oberhand, lange bevor es zu einer genügenden Eindickung der Lösungen zur Abscheidung der Kalisalze kam. Starke Diskordanzen anzunehmen, liegt keine Veranlassung vor. In den oberen Lagern der Keupersalzlagerstätte sind Nester von Polyhalit bekannt, eine Verbindung von schwefelsaurem Kali, schwefelsaurer Magnesia, schwefelsaurem Kalk und Wasser ($K_2SO_4 + MgSO_4 + 2\,CaSO_4 + 2\,H_2O$); zur Bildung von bauwürdigen Lagern dürfte es aber auch hier nicht gekommen sein, denn die senkende Bewegung herrschte auch im Keuper vor, wie überhaupt vom Buntsandstein bis zum Schluß des Oberen Jura. Für

[1]) Vgl. die S. 59 genannte Literatur.

den Salzkeuper kommt hinzu, daß auf die Salzlager Schichten folgen, welche die Einwirkung von Süßwasser erkennen lassen[1]). Abbauwürdige Kalisalze erwarte ich demnach in Lothringen nicht, weder im deutschen, noch im französischen Anteil.

Gips findet sich sowohl im Muschelkalk als auch im Keuper, in ersterem hauptsächlich in demjenigen Teil der mittleren Abteilung, die jünger ist als das Salz. Er ist als solcher nicht ursprünglich gebildet, sondern durch Wasseraufnahme in der Nähe des Ausgehenden der Schichten aus Anhydrit entstanden. Die chemische Formel des letzteren ist $CaSO_4$, des Gipses $CaSO_4 + 2H_2O$.

Im Keuper findet sich Gips gleichfalls in der salzführenden Abteilung, aber auch höher, besonders in den Roten Mergeln. In tieferen unterirdischen Gruben stößt man noch auf Anhydrit, der, wenigstens bei uns, nicht verwendet wird.

Unsere geologischen Karten tragen der Verbreitung des Gipses nicht genügend Rechnung. Ein Verzeichnis der wichtigeren Vorkommen, von Klüpfel zusammengestellt, findet sich in: Die nutzbaren Gesteinsvorkommen Deutschlands, Elsaß-Lothringen, von Bücking, Klüpfel und Wagner (Berlin 1915, S. 34—35).

Auch Kohlen hat uns der Keuper gebracht, sowohl im Elsaß als noch mehr in Lothringen; doch sind die Vorkommen heute ohne Bedeutung. Sie sind den sog. Estherienschichten unmittelbar unter dem Schilfsandstein eingelagert. Wir finden sie im Elsaß bei Balbronn[2]), wo sie zu erfolglosen Schürfversuchen Veranlassung gaben, in Lothringen[3]) bei Pieblingen, zwischen Walmünster und Welwingen und bei Hilsprich. Einen Querschnitt durch das bedeutendste Vorkommen, das von Pieblingen, hat Schumacher gegeben. Die Kohle, die hier in mehreren Lagen auftrat, war glänzend und eisenkiesreich, stellenweise bis zu 58%.

Knollen von Toneisenstein, die in denselben Schichten vorkommen, wurden 1820—1853, beide Male nur auf kurze Dauer, im Wald von Welwingen für die Hochöfen von Kreuzwald ausgebeutet[4]).

---

[1]) Profile durch den Unteren Keuper. Mitteil. Geol. Landesanstalt von Elsaß-Lothr., Bd. VIII, Heft 1, 1913. S. 132—133.

[2]) Steuer, Der Keupergraben von Balbronn. Mitteil. Geol. Landesanstalt von Elsaß-Lothr., Bd. IV, S. 240.

[3]) E. Schumacher, Erläuterungen zu Blatt Gelmingen 1887, S. 10—11. L. van Werveke, Erläut. zu Blatt Busendorf, S. 23—24. — Guir, Über ein verschwundenes Alaunwerk bei Valmünster. Mitteil. Philomath. Ges. in Elsaß-Lothringen, Bd. I, Jahrg. 2, Heft 1, S. 12. — L. van Werveke, Die Kohlenablagerungen des Reichslandes, ebenda, Bd. II, S. 259; Die Kohle von Hilsprich in Lothringen, ebenda S. 453—457; Nachtrag S. 564—566. Erläut. zu Blatt Saarbrücken 1 : 200 000. S. 220—221.

[4]) Erläut. zu Blatt Saarbrücken 1 : 200 000, S. 221.

Gesteine wesentlich anderer Natur als im Keuper treffen wir im Jura. Der Mittlere Lias umschließt mächtige Mergel mit Knollen von tonigem Sphaerosiderit (sog. Ovoidenmergel), auf welche früher östlich von Metz zwei Eisenerzfelder verliehen worden waren. Eine gewinnbringende Ausbeute ist aber ausgeschlossen, und die Felder fielen später ins Bergfreie. Besonders möchte ich auf die Posidonienschiefer des Oberen Lias hinweisen. Sie sind eine von den Bildungen, die mit merkwürdig gleichartiger Ausbildung über weite Strecken sich verfolgen lassen, wie Pompeckj[1]) sich ausdrückt, der Absatz eines fossilen Schwarzen Meeres. Sie wurden früher in Württemberg und in Bayern (Bamberg) wiederholt zur Gewinnung des in ihnen eingeschlossenen Bitumens einer Destillation unterworfen. Der bekannte schwäbische Pfarrer und Geologe Engel[2]) drückt sich darüber in folgenden Worten aus: „Wohl sind die Schieferölhütten, eine um die andere, wieder eingegangen, weil sie die Konkurrenz mit dem amerikanischen und russischen Petrol nicht ertragen konnten; nichtsdestoweniger hat die Sache noch immer eine Zukunft, für alle Fälle liegt ein Kapital von Millionen für uns im Boden begraben". Für Lothringen darf man wohl dasselbe sagen, weniger allerdings für das Elsaß; im ersteren gehen die Schichten in regelmäßiger Lagerung zutage, in letzterem sind sie allzu zerstückt, als daß man mit einem regelmäßigen Abbau rechnen könnte. Der ziemlich hohe Gehalt an Bitumen ist durch folgendes Ereignis bezeugt. Beim Bau des Stollens, der das Wasser der Gorzer Quellen nach Metz führt, wurde am Fuß des St. Quentin Posidonienschiefer aus einem Luftschacht zutage gefördert. Es ist der rote Haufen, den man nahe westlich von Langenheim (Longeville bei Metz) von der Bahn und der Straßenbahn aus auf der rechten Seite bei der Fahrt nach Mühlen (Moulins) sehen kann. Der ursprüngliche Schiefer ist reich an Eisenkies, und dessen rasche Oxydation an der Luft erzeugte genügend Wärme, um das Bitumen zu entzünden; der schwarze Schiefer brannte sich rot.

In neuerer Zeit sind Versuche zur Bestimmung des Bitumengehaltes durch einen luxemburgischen Chemiker, Herrn Faber[3]), vorgenommen worden, doch haben sie kein besonders günstiges Ergebnis geliefert. Man sollte die Versuche auch bei uns aufnehmen, da es ja bei den neueren Mitteln der Technik von vornherein nicht als ausgeschlossen erachtet werden kann, daß ein Ersatz für das im Kriege so selten gewordene Petro-

[1]) Die Jura-Ablagerungen zwischen Regensburg und Regenstauf. — Geognostische Jahreshefte, Bd. 14, 1901, S. 180—183. — Das Meer des Kupferschiefers. Branca-Festschrift, Leipzig 1914, S. 481.

[2]) Geognostischer Wegweiser durch Württemberg, 3. Auflage, Stuttgart 1908, S. 258.

[3]) Recherches sur les schistes bitumineux du liasique supérieur. — Festschrift der Ges. Luxemburger Naturfreunde zur Feier des 25jährigen Bestehens (1890—1915). Luxemburg 1915, S. 155—164.

leum geschaffen werden kann. Es kommt bei den Versuchen viel auf eine richtige Probeentnahme an; das darf man nicht vergessen.

Eine küstennahe Bildung sind die lothringischen, oolithischen Eisenerze (Minetten [1]), welche ihrem geologischen Alter nach dem Unteren Dogger oder Unteren Braunen Jura angehören und die Grundlage der großen Eisen- und Stahlindustrie Lothringens sind. Die Ansicht über die Verbreitung ihres Vorkommens war von Einfluß auf die Festlegung der neuen politischen Grenzen nach dem Kriege 1870/71. Man hatte sich aber über die Ausdehnung getäuscht und sie kleiner angenommen, als sie tatsächlich war [2]). Ohne dies wäre es damals wohl nicht schwer gewesen, die neue Grenze noch weiter nach Westen zu legen und unsere Eisenerzvorräte wesentlich zu erhöhen. Was die Franzosen später neu entdeckt — es liegt alles im Meurthe- und Mosel-Departement — ist ihnen heute durch die Besetzung des nordöstlichen Frankreich entzogen. Die Besetzung des Gebietes von Nancy hätte sie auch der Hauptquelle des Salzbezugs beraubt.

Für die heute geltende Ansicht über die Ausdehnung der Minetten haben wir mehrere Darstellungen, teils von privater, teils von amtlicher Seite. Die Auffassung der Großindustriellen kommt auf der beigefügten Tafel zur Darstellung. Während das Salz nur auf der Südseite des Kohlensattels angegeben ist, treffen wir die Minetten sowohl nördlich als auch südlich dieses Sattels in zwei getrennten Becken, in einem unbedeutenderen, südlichen und in einem reichen, nördlichen Becken. Das erstere, das Becken von Nancy, liegt ausschließlich auf französischem Gebiet, das zweite, das Becken von Briey (lies Brii), verteilt sich auf Deutsch- und Französisch-Lothringen und reicht weiter nördlich nach Luxemburg und Belgien hinein. Die amtliche Darstellung befindet sich auf den Blättern Metz und Longwy der französischen geologischen Karte 1 : 80000 und stimmt mit den privaten überein. Die Fläche, welche bauwürdige Lager enthält, mißt nach Kohlmann 70—80000 ha. Davon entfallen 40—50000 ha auf Französisch-Lothringen, 27—28000 ha auf Deutsch-Lothringen und 2500 ha auf Luxemburg [3]). Belgien kommt nur mit einigen hundert Hektar

[1]) Als mine oder minérai de fer fort bezeichnete man die früher fast ausschließlich abgebauten Bohnerze, welche in Taschen der Kalke des Doggers vorkommen und jetzt ohne Bedeutung sind. Gegenüber diesem Erz bezeichnete minette ein Erz von geringerem Werte.

[2]) s. Anhang Nr. **10**.

[3]) Die neuere Entwickelung des lothringischen Eisenerzbergbaues. — Stahl und Eisen, 1911, Nr. 11. 36 Seiten mit 26 Abbild. und 1 Tafel. Übersichtskarte der deutschen und französischen Eisenerzfelder 1:100000. Wegen der Lage und Ausdehnung der Eisenerzfelder vgl. außerdem: Übersichtskarte der Eisenerzfelder des westlichen Deutsch-Lothringen, 1:80000, herausgegeben von der Direktion der geologischen Landes-Untersuchung von Elsaß-Lothringen, 4. Aufl., Straßburg 1905. Hierzu: Verzeichnis der im westlichen Deutsch-Lothringen verliehenen Eisenerzfelder, 5. Aufl., Straßburg 1910. — Limpach, Ch., Carte industrielle du bassin-minier lorrain-luxembourgeois 1:50000, Luxembourg 1908. — Max von Kornatzki,

in Betracht. Sind wir nun gegenwärtig richtig über die Verbreitung des Erzvorkommens unterrichtet oder stehen uns auch heute noch Täuschungen bevor? Ein Mitglied des Landtages, früher Direktor einer deutsch-lothringischen Minettegrube, versicherte mir, daß man sich auf die vorhandenen Angaben nicht verlassen könne und neue Untersuchungen notwendig wären, um in der Frage ein nicht anzuzweifelndes Urteil zu gewinnen. Dies zu erreichen ist aber von Wichtigkeit und es frägt sich, können wir die Frage lösen und auf welche Weise?

Wir müssen dabei von der Entstehung des Erzes ausgehen. Es tritt innerhalb der oberen Abteilung des Unteren Doggers, die normal als Sandstein und sandige Mergel entwickelt ist, in Lagern auf, die in verschiedener Höhe innerhalb der Abteilung eingeschaltet sind. Die Lager sind, worauf die eingeschlossenen Versteinerungen hinweisen, eine Bildung der flachen See, nicht weit ab von einer Küste. Damit hängt auch ihre oolithische Struktur zusammen. Der Eisengehalt ist nämlich in kleinen, eiförmigen Körperchen, den sog. Oolithen, angehäuft, die durch ein kieseliges, toniges oder kalkiges, zum Teil auch eisenhaltiges Bindemittel zusammengehalten werden. Bäche und Flüsse führten eisenhaltige Wasser von der Küste zu, aus denen sich das Eisen in verschiedener Form niederschlug, ähnlich dem Glaukonit als Silikat (Thuringit), als Karbonat, als Schwefelkies und als Magnetit, in den oberen Lagern möglicherweise auch als Oxydhydrat. Die Erzbildung ist syngenetisch, d. h. die Erze sind gleichzeitig mit der Ablagerung der Schichten entstanden. Die bisherigen Versuche der Erklärung durch Epigenese, d. h. durch Vererzung früherer oolithischer Kalklager zu erklären, sind nicht hinreichend begründet. Ebensowenig ist der Nachweis der Entstehung der Erzlager aus eisenführenden artesischen Quellen, die auf Spalten während der Ablagerung zugetreten sein sollen, als erbracht anzusehen. Nur die erstere Ansicht gestattet es, der vorgelegten Frage näher zu treten, denn nur sie gibt Verhältnisse, die wir uns klar vorstellen können, während die beiden anderen uns in dieser Beziehung im Stiche lassen. So ist die Frage der Entstehung der Minette von größter Wichtigkeit für die Frage ihrer Verbreitung und mußte deshalb in erster Linie ins Auge gefaßt werden.

Es ist ein Erfolg der neueren Geologie, daß wir die Entstehung von Ablagerungen nicht nur an sich, sondern auch in Beziehung zu den Erdbewegungen betrachten, welche sich zur Zeit ihrer Bildung vollzogen haben.

Die Eisen- und Kohlenindustrie in Südwest-Deutschland und den angrenzenden Staaten mit dem dortigen Eisenerzbergbau 1:125000, Charlottenburg 1912. — Über die in 1905 durch Betrieb erschlossenen Gebiete geben die Blätter Mettendorf und Metz der Karte der nutzbaren Lagerstätte von Deutschland Aufschluß. Diese Karten geben die Menge der Eisenerzförderung in 1905 für Lothringen zu 11968000, und für Luxemburg zu 6595860 Tonnen mit Werten von 32190000 und 13211000 Mark an.

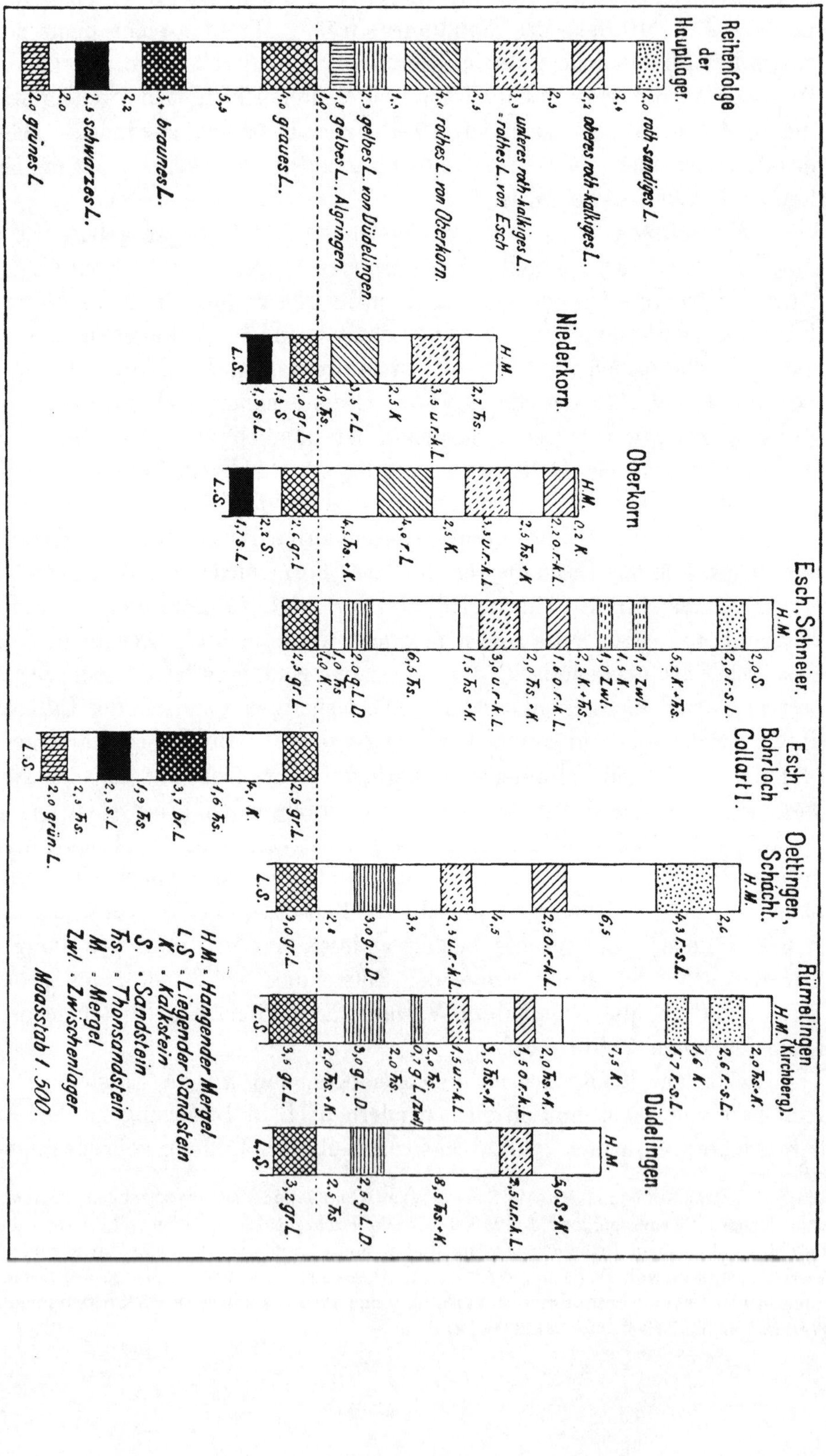

Zeichnung 11.

Zu den großen Bewegungen, die man früher allein zu fassen vermochte, die auf große Zeitzwischenräume hinweisen, kommen zahlreiche kleinere und kleinste, welche dartun, daß unsere Gebiete fast stets in irgendwelcher Bewegung begriffen waren, in auf- und absteigender und auch in faltender. Die Trennung der Minetteformation in zwei Becken habe ich schon im Jahre 1901 auf Bewegungen zurückgeführt[1]), die eine Fortbildung des lothringischen Hauptsattels während der Zeit der Erzablagerung bewirkten.

Innerhalb der Erzformation können wir zwei Abteilungen unterscheiden: Eine untere umschließt nur kieselige Erze, das grüne, schwarze und braune Lager und hat tonige und sandige Zwischenmittel[2]). Die obere Abteilung beginnt mit einem kalkigen Lager, dem grauen, über welchem, durch kalkige und tonige Zwischenmittel getrennt, weitere kalkige Lager, das gelbe Lager von Düdelingen, die beiden rotkalkigen Lager, sowie kieselige Lager, das gelbe Lager von Algringen, das rote Lager und das rotkieselige Lager folgen. Nirgends haben wir alle diese Lager übereinander (vgl. die Zeichnungen 11 und 12). Auf die Verbreitung der einzelnen Lager kann ich hier nicht eingehen und nur hervorheben, daß die obere Abteilung der kalkigen Lager nur im nördlichen Teil, etwas südwärts der Orne beginnend, in bauwürdiger Weise entwickelt ist, und die untere Abteilung allein im ganzen Verbreitungsgebiet, also auch südlich der Orne, bergbaulichen Betrieb gestattet. Auch an diesem Verhältnis tragen Bewegungen Schuld, welche an den lothringischen Hauptsattel gebunden sind. Außer diesem unterscheiden wir aber eine Reihe untergeordneterer Sättel und zwischenliegende Mulden, und auch diese sind nicht ausschließlich erst nach der Ablagerung der gesamten Schichtenfolge gestaut worden, sondern bildeten sich während der Ablagerung heraus und waren von Einfluß auf die Verbreitung und die Mächtigkeit der Erzlager. Dies geht deutlich aus genauen Profilen mit Erläuterungen hervor, die mir Herr Markscheider Reeh in Rombach erst in letzter Zeit vorgelegt hat.

Ähnliche Bewegungen waren auch von Einfluß auf die Verteilung der Erzlager am Nordrand des Vorkommens. Die reichere Zahl der Lager in der Gegend von Esch (Zeichnung 11 auf S. 48) und die gesamte größere Mächtigkeit der ganzen Ablagerung beruhen auf der Entstehung in einer Mulde, die geringere Zahl der Lager im Differdinger Gebiet (Niederkorn und Oberkorn in Zeichnung 11), noch mehr ihr Auskeilen gegen Ost, nach

[1]) Profile zur Gliederung des reichsländischen Lias und Doggers und Anleitung zu einigen geologischen Ausflügen in den lothringisch-luxemburgischen Jura. — Mitteil. Geol. Landesanstalt von Els.-Lothr., Bd. V, Heft 3, S. 165—246, mit 15 Zinkographien und 5 Taf. Vgl. S. 244.

[2]) Erklärung für diese Tatsache in: L. van Werveke, Bemerkungen über die Zusammensetzung und die Entstehung der lothringisch-luxemburgischen Eisenerze (Minetten). — Mitteil. Geol. L.-A. v. Els.-Lothr., Bd. V, Heft 4, S. 275—301. Vgl. S. 297.

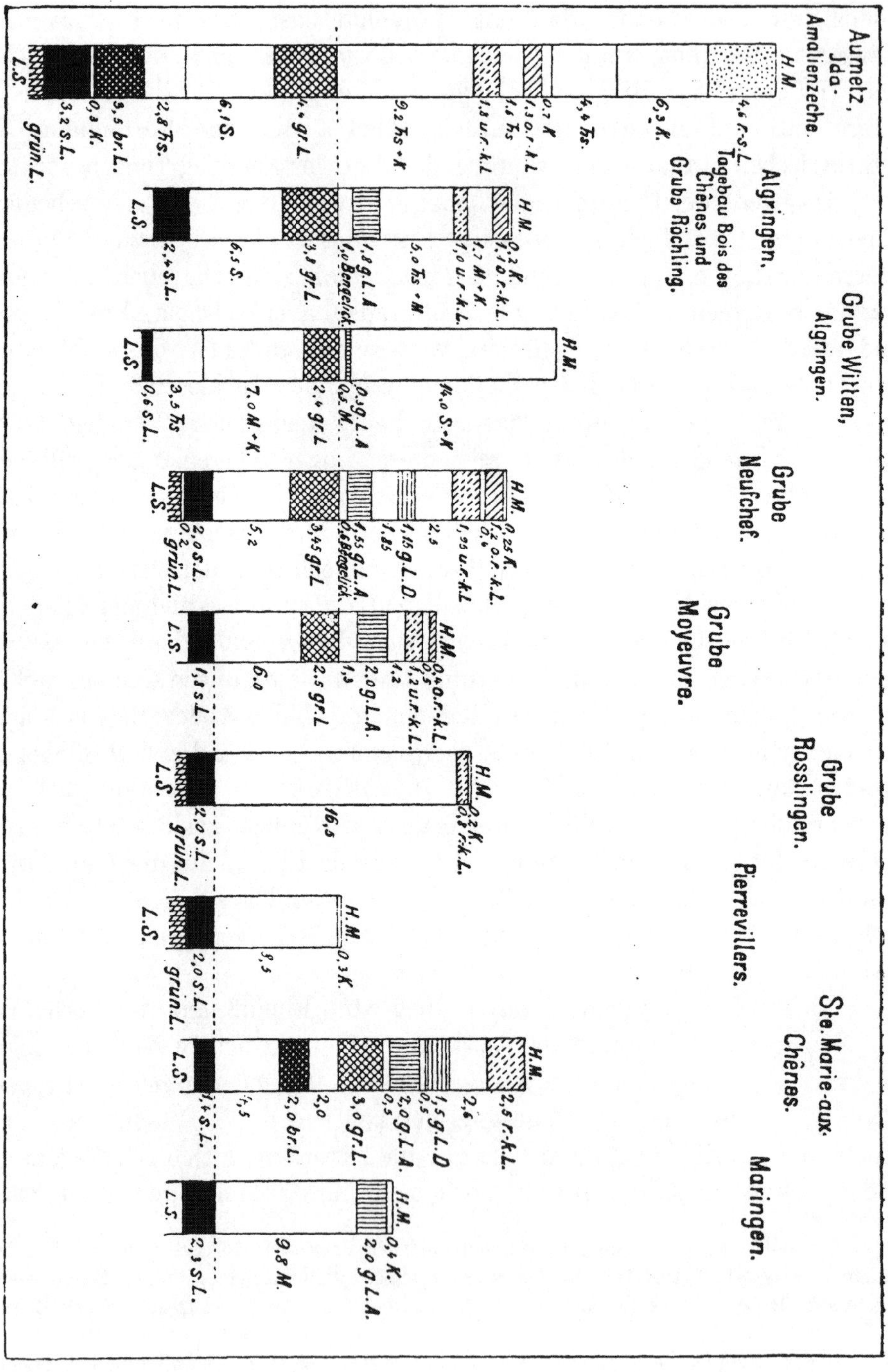

Zeichnung 12.

dem Abfall der Doggerplatte nach der Mosel zu, hängen mit Heraushebungen in diesen Gebieten zusammen. Starke Bewegungen geschahen vor der Ablagerung der oberen, kalkigen Schichtenfolge, fallen also zusammen mit den Bewegungen im lothringischen Hauptsattel.

Von diesen Verhältnissen müssen wir ausgehen, wenn wir uns ein Urteil darüber bilden wollen, ob die jetzt vorhandenen Darstellungen des französisch-lothringischen Minettegebietes zutreffend sind oder nicht. Sie lassen im Becken von Briey eine Gliederung in mehrere Teilbecken erkennen, die von Süden nach Norden als Becken der Orne, von Landres, Crusnes und Longwy unterschieden werden und in ihren westlichen Teilen durch unbauwürdige Keile getrennt sind. Die Beziehungen zwischen diesen Rücken und den zutage nachweisbaren Sätteln kennen wir nicht, da diese selbst nicht genau bekannt sind, besonders auf französischem Gebiet. Zu ihrem Nachweis bedarf es neuer sorgfältiger geologischer Aufnahmen. Erst wenn diese vorliegen werden, können wir uns einen sicheren Einblick in die behandelte Frage verschaffen. Mit Rücksicht auf eine weitere Fortsetzung der Minettevorkommen gegen Westen will ich mit Vorbehalt eine Bohrung erwähnen, welche in 1905 bei Belleville nahe nördlich von Verdun ausgeführt worden ist. Nach einer Angabe[1]), deren Autor mir aber nicht ganz vertrauenswürdig erscheint, soll Minette in abbauwürdiger Ausbildung in 547 m Tiefe erreicht worden sein, jedoch fehlen Angaben über Mächtigkeit und Eisengehalt, also die Grundlagen für die Abschätzung der Bauwürdigkeit. Ein anderer Autor[2]) erwähnt ohne weitere Angaben den Fund aus 576 m Tiefe. In Friedenszeit war es uns nicht möglich, der Prüfung der Zuverlässigkeit der vorhandenen Karten und der westlichen Fortsetzung der Minettelager näher zu treten. Jetzt kann uns niemand daran hindern und wir sollten die Gelegenheit nicht versäumen. Erscheinen infolge geologischer Untersuchungen Versuchsbohrungen wünschenswert, so soll man vor ihrer Ausführung nicht zurückschrecken. Die Wahl des oder der Punkte wird sich auf die geologischen Aufnahmen zu stützen haben.

Ich bin etwas ausführlich auf die Minettevorkommen eingegangen, weil ich Ihnen nicht nur die Arbeiten vorführen wollte, die in Aussicht zu nehmen sind, sondern auch einen Einblick in die Gedanken und Grundlagen verschaffen wollte, von denen man auszugehen hat. Sie sind schließlich für den Wissenschaftler der wichtigste Teil. Der Gegenstand ist es aber auch an sich wert, daß man sich ausführlicher mit ihm beschäftigt, denn

---

[1]) (Francis Laur), Le sondage de Verdun. L'Écho des mines et de la métallurgie. Paris, 28. Sept. 1905, Nr. 718, S. 1149. 1906, S. 213.

Die Notiz ist ohne Namen erschienen, doch erscheint es zweifellos, daß sie von dem in Klammern angeführten Herrn, dem Herausgeber der genannten Zeitschrift, herrührt.

[2]) Joly, Le Terrain Houiller existe-t-il dans la région Sud de Longwy, Nancy 1908, S. 21 und 26.

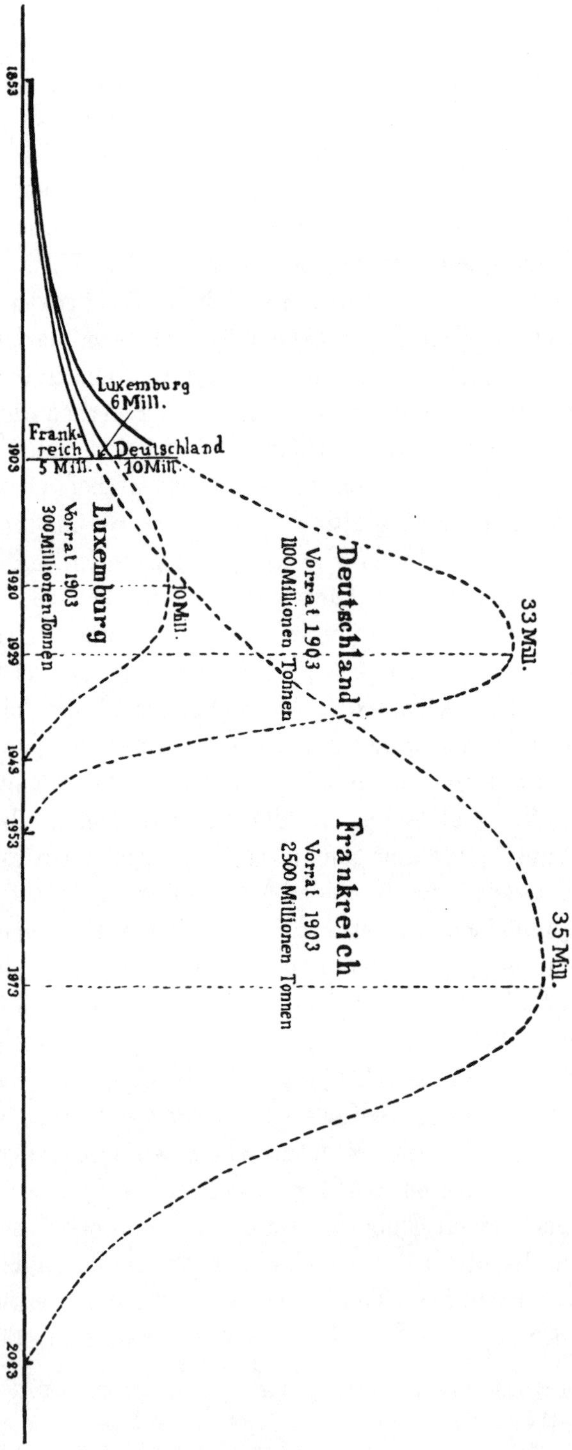

Zeichnung 13. Übersicht über die Eisenerzvorräte und ihren Abbau in Lothringen und Luxemburg.

der Wert des Erzvorkommens in Französisch-Lothringen, in der heute angenommenen Verbreitung, wird auf mindestens 3 Milliarden Mark geschätzt.

Über die Mengen, welche für den Abbau in Betracht kommen, gibt die nebenstehende Zeichnung 13 Aufschluß, welche von dem Grubeningenieur Bailly [1]) in Nancy herrührt; sie gibt gleichzeitig einen Ausblick auf die Zeit, bis zu welcher die Vorkommen erschöpft sein werden. Wesentliche Unterschiede gegenüber dieser Zeichnung ergeben sich schon jetzt, wie sich aus der Zeichnung 14 ergibt, welche ich nach Zahlenangaben im Essener Glückauf, 1914, S. 1517 gezeichnet habe.

Große Mengen Erz wurden früher, doch wesentlich nur in Luxemburg, im nördlichsten Teil des ganzen Vorkommens durch Tagebau gewonnen. Gegenwärtig findet der Abbau hauptsächlich durch Grubenbau statt, die Förderung durch Stollen oder Schächte [2]).

[1]) Nach Gréau, Le fer en Lorraine, Paris-Nancy 1908, S. 64. Übernommen nach Übertragung der Schrift ins Deutsche.

[2]) Es ist also nicht richtig, wenn Philippson sagt: „Sie (d. h. die Minetten) werden

Aber nicht nur wegen ihres Eisengehaltes sind die Minetteablagerungen von großer wirtschaftlicher Bedeutung, sondern auch wegen ihres Gehaltes an Phosphorsäure, obgleich dieser im Durchschnitt nur 1,9% beträgt. Lange war dem Verbrauch des aus der Minette erblasenen Eisens wegen dieser Verunreinigung gewisse Grenzen gesetzt. Den Aufschwung zu der jetzigen bedeutenden Höhe gewann die Erzgewinnung durch die von Thomas nach

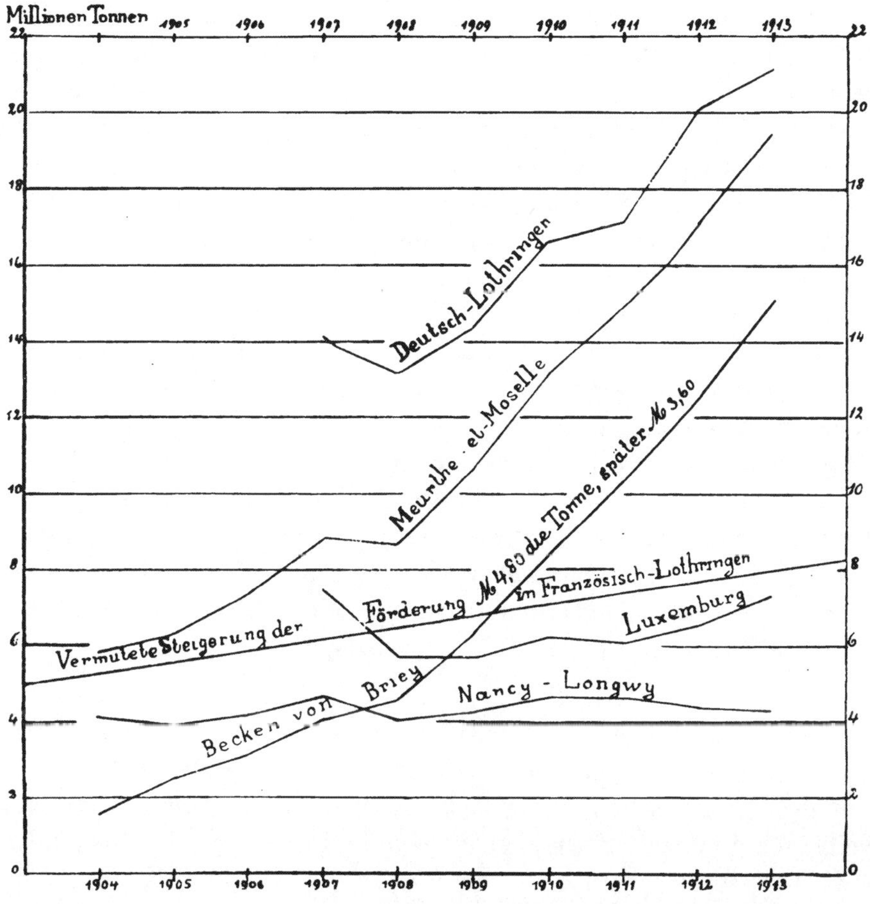

Zeichnung 14. Eisenerzförderung im lothringisch-luxemburgischen Minettegebiet in den Jahren 1904—1913.

langjährigen Arbeiten im Jahre 1874 entdekte Entphosphorung, bei welcher die die Phosphorsäure aufnehmenden Thomasschlacken erzeugt werden und das Roheisen in Stahl übergeführt wird. Dadurch wurden die Minetten für die Landwirtschaft von nicht geringerer Bedeutung als für die Eisen-

in großen Tagebauen leicht abgebaut, besonders westlich von Diedenhofen und auf französischem Gebiet bei Briey. (Der französisch-belgische Kriegsschauplatz. Geographische Zeitschrift, Leipzig 1915, S. 257.)

industrie. Davon war Thomas selbst am meisten überzeugt, denn er schrieb 1883 an einen luxemburgischen Hüttendirektor: „Der Stahl ist Nebenprodukt, und der Phosphor der Schlacke das Hauptprodukt". Der Internationale Geologenkongreß, der in 1917 in Brüssel tagen sollte, hatte unter seinen Aufgaben die Feststellung der Gesamtvorräte der Welt an Phosphorsäure vorgesehen. Auf Grund der mitgeteilten Zahlen über die Menge des vorhandenen Erzes und seines Prozentgehaltes an Phosphorsäure hätte der Vorrat für Deutsch-Lothringen mit einer Menge von 20,9 Millionen Tonnen angegeben werden können. Da aber die Stahlerzeugung z. B. für das Jahr 1911 82% des erzeugten Roheisens[1]) ausmacht, so kommen, gleichbleibende Verhältnisse vorausgesetzt, von dieser Menge der Landwirtschaft in den Thomasschlacken 17,1 Millionen Tonnen zugute.

Durch den Krieg hat die Erzeugung der Thomasschlacken eine ganz besondere Bedeutung erlangt, weil die Einfuhr von Rohphosphaten aus Algier, Tunis und Florida in Wegfall gekommen ist, die 1913 z. B. rund 1 Million Tonnen betrug[2]).

Hätten die Hoffnungen, welche man an den Kohlenfund von Longwy geknüpft, nicht getäuscht, so würde das Erzgebiet in seinem Werte noch weit höher zu veranschlagen sein.

Andeutungen von oolithischen Eisenerzlagern haben wir noch in den über der Minetteformation folgenden Schichten von Charennes und im Hohebrücker Kalk, Eisenoolithe, aber nicht lagerförmig, auch im Mergel von Gravelotte. Es kommt ihnen aber kein technischer Wert zu, ebensowenig wie dem wesentlich jüngeren, unmittelbar unter den weißen Kalken der Maashöhen liegenden Eisenoolith von Neuvisy.

Mehrfache Lagerstätten nutzbarer Mineralien hat das Tertiär gebracht, Eisenerz, Braunkohle, Salz- und Kalisalzlager, Erdöl und Asphalt. Eisenerz, in der Form von Bohnerz (groboolithischen, d. h. erbsen- bis nußgroßen Kugeln von Brauneisenstein), findet sich in Lothringen, im Rheintal und

---

[1]) Statistisches Jahrbuch für Elsaß-Lothringen, 7. Jahrg. 1913/14, Straßburg 1914, S. 86.

[2]) Krische, Dr. P., Die kriegswirtschaftliche Bedeutung der deutschen Kalidüngsalze. — Kali, 1916, S. 40. Der Verf. bemerkt, daß ein Teil des erwähnten Ausfalles durch stärkere Heranziehung der Lahnphosphorite und der belgischen Sommephosphate, sowie durch stärkere Einfuhr von Apatit aus Schweden gedeckt werden könne. — Außer dem Phosphor der Minetten besitzt Lothringen ein dünnes, nur 0,2 bis 0,3 m messendes Lager von phosphathaltigen Knollen an der Grenze des Gryphitenkalks gegen die grauen Tone des Lias β. Der Phosphorsäuregehalt der Knollen beträgt 7,57%, entsprechend 16,52% phosphorsauren Kalks ($Ca_3P_2O_8$). Frühere Abbauversuche haben sich nicht als lohnend erwiesen, und neue Versuche würden wohl kaum ein besseres Ergebnis liefern, weil der Abraum an Mächtigkeit zu rasch zunimmt. (L. van Werveke, Die Phosphoritzone an der Grenze von Lias α und β in der Umgebung von Delme in Lothringen. Mitteil. Geol. Landesanstalt von Els.-Lothr., Bd. 5, 1903, S. 345—349.)

im Juragebirge; die übrigen nutzbaren Mineralien sind auf das Rheintal beschränkt.

Über die Verbreitung der Bohnerze bringen die Departementsbeschreibungen ausführliche Angaben. Zusammenfassend sagt Bücking[1]): „Sie erfüllen Spalten, sowie mulden- und höhlenartige Vertiefungen innerhalb älterer Gesteine, namentlich in den Jurakalken .... Trotzdem die Mächtigkeit der Bohnerzablagerungen von 1—2 m, selten bis 5 m beträgt, bildeten sie doch früher den Gegenstand eines nicht unbedeutenden Bergbaus, der viele Hüttenwerke unterhielt. Eine Gewinnung der oft vortrefflichen Bohnerze fand im Elsaß hauptsächlich im Kreise Altkirch (bei Lützel, Winkel, Lüxdorf) und im Kreise Hagenau (bei Mietesheim, Gundershofen, Hüttendorf) statt. Auch in Lothringen treten an mehreren Stellen des nördlichen und südlichen Randes des Doggerplateaus westlich von der Mosel ähnliche Eisenerze auf; in den Wäldern zwischen Aumetz, Deutsch-Oth und Oettingen erlangen sie eine beträchtliche Ausdehnung und wurden hier schon in uralter Zeit ausgebeutet". Ihr Alter wird gewöhnlich als Eocän angesehen, doch reicht der Beginn ihrer Bildung wohl zum Teil in die Kreide zurück, ein anderer Teil mag miocänen Alters sein.

Gleichfalls dem Eocän angehörende Braunkohlenlager[2]) wurden früher (1816—1881) bei Buchsweiler und bei Lobsann im Unterelsaß abgebaut, Versuche wurden bei Dauendorf und Mietesheim ausgeführt. Gegenwärtig und wohl auch für immer gehört der Braunkohlenbergbau aber der Geschichte an. In Buchsweiler wechselte die Mächtigkeit der Braunkohle zwischen 0,50 und 2,00 m und erreichte selten 2,20; die oberen 0,50 m wiesen einen Eisenkiesgehalt von 12—13 % auf und wurden zur Alaun- und Vitriolbereitung ausgesondert. Gerade wegen dieses Gehaltes könnte man vielleicht jetzt wieder an Abbau denken, wenn die Strecken nicht allzusehr verfallen wären.

Dünne Adern von Salz hatte man im Oberelsaß schon durch eine Bohrung im Jahre 1869 in Tiefen von 91, 115 und 185 m kennen gelernt[3]). Am 2. Juli 1904 wurde ich durch Herrn Vogt in Niederbruck gebeten, eine durch ihn in Ausführung begriffene Bohrung bei Lutterbach zu besichtigen, aus welcher er mir „ein besonderes Vorkommen vorlegen möchte". Es handelte sich um den Fund einer Sole von 20° Beaumé in 345,50 m Tiefe in oligocänen Mergeln mit Gips. Ich sprach die Ansicht aus, daß

---

[1]) Bücking, Geologie von Elsaß-Lothringen mit besonderer Berücksichtigung der nutzbaren Mineralien und Gesteine. — Das Reichsland Elsaß-Lothringen, 1 Teil, Straßburg 1898 bis 1901, S. 41.

[2]) L. van Werveke, Braunkohlen im Elsaß. — In G. Klein, Handbuch für den Deutschen Kohlenbergbau, Halle a. S. 1907, S. 78—81.

[3]) Zundel, Ch. et Mieg, M., Notice sur quelques sondages aux environs de Mulhouse et en Alsace. — Bull. Soc. industr. de Mulhouse, 1877, S. 635—636.

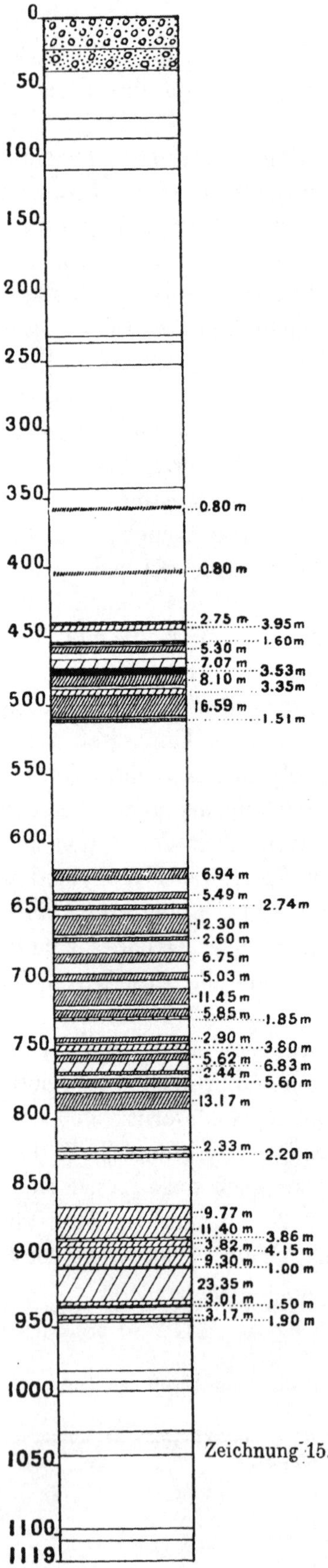

Zeichnung 15.

die Sole keine natürliche, sondern erst durch die Bohrarbeiten infolge der Auflösung von Steinsalz entstanden sei und riet dazu, mit Krone und Magnesiumlauge zu bohren. Bei 445 m Tiefe stieß man auf Salz, von dem schöne Kerne gefördert wurden, und am 16. Juli 1904 wurde Mutung eingelegt. Damit war der erste Nachweis eines Steinsalzlagers im Oberelsaß geführt. Die späteren Funde von Kalisalz verheimlichte Herr Vogt lange, sowohl mir als auch der Bergbehörde. Im Jahre 1906 brachte die Zeitschrift Industrie[1]) in einem Jahresbericht über Kaliwerte noch die Mitteilung, daß die Kalivorkommen des Oberelsasses sich nicht als abbaufähig erwiesen haben. Seit 1907 war an dem Vorkommen bauwürdiger Kalisalzlager aber kein Zweifel. Genauen Einblick in die Schichtenfolge verschaffte uns eine sehr fleißige, grundlegende Arbeit von Professor Dr. B. Förster, der im Auftrage der Geologischen Landesanstalt sämtliche damals aus 125 Bohrungen zugängliche Proben untersucht hat[2]). Die Einschaltung der Salzlager in die tertiäre Schichtenfolge zeigt das Profil (Zeichnung 15) des Bohrloches Wittelsheim I, das ich dieser Arbeit (S. 392) entnehme. Es zeigt mit vollkommen schwarzer Bezeichnung nur

[1]) Nr. 303, 29. Dez. 1906. Über die Geschichte der Entdeckung vgl. auch Dr. J. Kraencker, Die volkswirtschaftliche Bedeutung des Kalis. — Mitteil. Philomath. Ges. in Els.-Lothr., Bd. IV, 1911, S. 487—516, besonders S. 512—516.

[2]) Ergebnisse der Untersuchung von Bohrproben aus den seit 1904 im Gange befindlichen, zur Aufsuchung von Steinsalz und Kalisalz ausgeführten Tiefbohrungen im Tertiär des Oberelsasses. — Mitteil. Geol. L.-A. v. Els.-Lothr. 1911, Bd. 7, S. 349—524 mit 1 Karte, 4 Taf. mit Profilen, 3 Zeichnungen und 2 Tabellen. — Besprechung von L. van Werveke mit selbständiger Bestimmung des Alters der Schichten und mit einem Vergleich mit dem Pariser Becken in: Geologisches Zentralblatt, Bd. 17, 1912, S. 394—399.

1 Kalilager, während im größten Teil des Kaligebietes deren 2 übereinander vorkommen. Die enge Schraffierung gibt die Steinsalzlager an, die mittlere

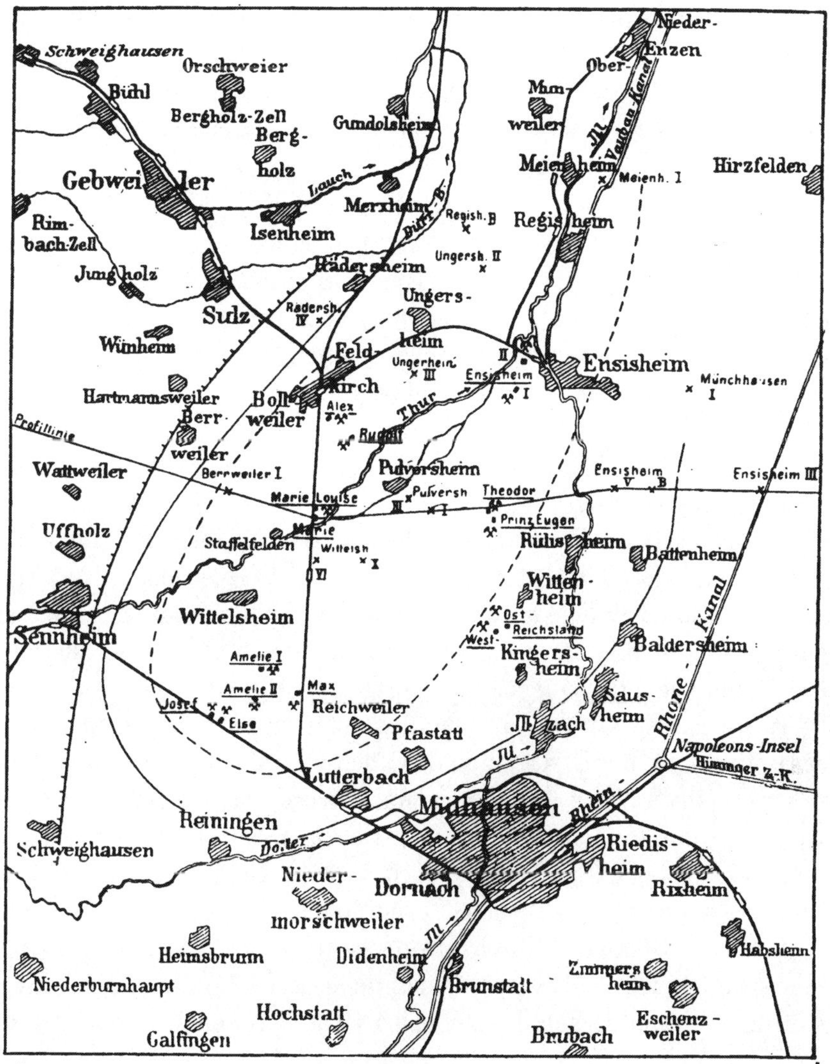

Zeichnung 16.	1:200000.

Schacht
× Bohrung
Grenze der Steinsalzablagerung gegen Westen
Grenze des Unteren Sylvinitlagers.
Grenze des Oberen Sylvinitlagers.

Steinsalz mit Schiefer- und Anhydritzwischenlagen, die weite Schiefer mit dünnen Salzeinlagerungen. Das Kalisalz ist Sylvinit, ein Gemenge von Chlorkalium (Sylvin) und Chlornatrium. Dem unteren Lager kommt eine durchschnittliche Mächtigkeit von 4,15 m zu, dem oberen von 1,16. Das trennende

Mittel mißt durchschnittlich 20 m und besteht aus Dolomitmergeln mit untergeordneten Einlagerungen von Steinsalz und Anhydrit. Über die Ausdehnung des Hauptkalisalzbeckens, soweit sie bis jetzt bekannt ist, gibt die Zeichnung 16 Aufschluß, welche von Wagner[1]) herrührt. Die Flächenausdehnung des unteren Lagers hat Förster zu 172 qkm, des oberen Lagers zu 84 qkm berechnet und die Menge der Kalisalze

für das untere Lager zu $603\,^{1}/_{4}$ Millionen cbm
für das obere Lager zu $97\,^{3}/_{4}$ „ „
701 „ „

die bei einem spez. Gew. des Fördersalzes von 2,1 einer Menge von 1472 Millionen Tonnen entspricht. Den Gesamtwert berechnet Förster zu 57 181 428 000 ℳ, Wagner[2]) gibt über 50 Milliarden an. Wenn auch nicht alle diese Werte dem Boden entnommen werden können, ungeheuere Schätze sind es dennoch, die hier in ihm verborgen sind.

Über die Tiefenlage der Kalisalze gibt eine Zeichnung von Förster[3]) in der genannten Arbeit ungefähre Anhaltspunkte. Sie sucht die Lagerungsverhältnisse durch Sättel und Mulden zu erklären, während eine andere ebendort veröffentlichte Zeichnung, welche Wagner[4]) auf meine Veranlassung hergestellt hat, die Tiefenunterschiede durch Verwerfungen zu erläutern sucht. Das wahrscheinlichste, daß Falten- und Spaltenbildungen ineinandergreifen, ist durch den Bergbau erwiesen worden. Dies zeigt uns ein von Wagner[5]) gezeichneter Querschnitt durch das Rheintal.

Als südlichste Grenze der Kalilagerstätten war Reinigen anzusehen. In der Hoffnung, in der Fortsetzung der Rheintalsenke nach der Burgundischen Pforte ein zweites Becken finden zu können, wurde nahe westlich der Landesgrenze von französischer Seite eine Bohrung bei Foussemagne niedergebracht, welche bei 870 m in den Weißen Jura, die Unterlage des Tertiärs, eindrang. An der Grenze beider Formationen fehlten 3 m Kern; ich vermute, daß hier Bohnerze durchsunken worden waren. Nachdem ich die Bohrkerne untersucht hatte, sprach ich mich bestimmt dahin aus, daß Kalisalze in der Burgundischen Pforte nicht zu finden seien. Andere glaubten

---

[1]) Neuere Ergebnisse über die Gliederung und Lagerung des Tertiärs im Kalisalzgebiet des Oberelsaß. — Mitt. Philomath. Ges. Bd. IV, 743—764 mit 1 Kartenskizze und 1 Profil durch das Rheintal (Taf. XIII.) Straßburg 1912.

[2]) Die Kalisalzlager im Oberelsaß. Straßburger Post, 1913, N. 341, Mitteilungen aus den Vogesen.

[3]) Förster, Ergebnisse usw. S. 486.

[4]) Ebenda, S. 352 und 490. Vgl. auch L. van Werveke, Die Tektonik des Sundgaues, ihre Beziehung zu den Kalisalzvorkommen im Oberelsaß und in Baden und ihre Entstehung. Mitteil. der Geol. Landesanstalt v. Els.-Lothr., Bd. 8, Heft 2, 1913.

[5]) Wagner, Dr. W., Die Kalisalzlager im Tertiär des Oberelsasses. — Mitteil. Philomath. Ges. in Elsaß-Lothringen, Bd. 4, Jahrg. 20, Straßburg 1912, S. 471—486 mit 2 Zeichnungen und Taf. XIII.

günstiger urteilen zu sollen, aber 3, nach anderer Angabe 6 Bohrungen[1]), welche kurz vor dem Kriege ausgeführt worden sind, blieben ohne Erfolg. Auch gegen Basel hin glaubte man ein neues Becken finden zu können. Ich riet von einer bei Sierenz bereits in Angriff genommenen Bohrung ab. Sie wurde jedoch zunächst fortgesetzt, drang bei 270 m Tiefe = —16 m NN in die jurassische Unterlage des Tertiärs ein[2]) und wurde erst bei 1000 m im Muschelkalk eingestellt. Eine weitere Vertiefung hätte Aufschluß darüber geben können, ob das Salz des Mittleren Muschelkalks, das auf der Südseite des Schwarzwaldes gewonnen wird, bis Sierenz fortsetzt. Kalisalz hätte aber in dieser Abteilung entschieden nicht gefunden werden können. Geirrt hatte ich mich in bezug auf die östliche Fortsetzung der Kalisalze, das Vorkommen in Baden hatte ich nicht vermutet[3]).

Wir können sicher sein, daß auf französischem Nachbargebiet keine Kalisalze gefunden werden, aber ebenso sicher, daß die Absicht der Franzosen, das Elsaß wieder zu gewinnen, nicht nur seinen Bewohnern, sondern auch, und zwar in wohl höherem Maße, seinen Kalischätzen[4]) gilt.

Ich komme zu den letzten wichtigen Minerallagerstätten des Rheintales, den Bitumenlagern des Unterelsaß, dem Erdöl und dem Asphalt. Ersteres gehört dem Unteroligocän an, letzteres liegt an der Grenze gegen das Mitteloligocän. Die Petroleum- und Benzinnot, die wir durchgemacht und noch nicht überwunden haben, ist uns allen zur Genüge bekannt. Die Frage lag deshalb außerordentlich nahe, ob es nicht möglich sei, dem Boden des Rheintales weit mehr Erdöl zu entnehmen, als dies bislang geschah. Sie kann nur auf Grund der Frage nach der Entstehung des Erdöles beantwortet werden und wurde von mir vor dem Kriege mehrfach behandelt. Meine letzte Veröffentlichung[5]) in dieser Richtung: „Die Entstehung der unterelsässischen Erdöllager erläutert an der Schichtenfolge im Oligocän“ brachte ein Verzeichnis von 13 früher von mir veröffentlichten Mitteilungen, von denen die erste ins Jahr 1895 fällt und ein Vortrag ist, den ich im Oktober 1894 in Wörth gehalten habe. Die in den älteren Aufsätzen vertretene Ansicht kann ich kurz in folgenden Worten zusammenfassen: Das unterelsässische Erdöl tritt in Sandlinsen auf, welche dem Oligocän ein-

[1]) Straßburger Post, 1914, Nr. 61.

[2]) L. van Werveke, Die Tektonik des Sundgaues, ihre Beziehung zu den Kalisalzvorkommen im Oberelsaß und in Baden und ihre Entstehung. — Mitteil. Geol. Landesanstalt von Els.-Lothr., Bd. 8, Heft 2, S. 255.

[3]) L. van Werveke, Tektonische Vorgänge zur Zeit der Entstehung unserer Steinsalz- und Kalisalzlagerstätten. — Mitteil. Philomath. Ges. in Els.-Lothr., Bd. 4, Jahrg. 1911, Straßburg 1912, S. 575—582.

[4]) s. Anhang Nr. 11.

[5]) Die Entstehung der unterelsässischen Erdöllager erläutert an der Schichtenfolge im Oligocän. — Mitteil. der Philomatischen Gesellschaft in Elsaß-Lothringen, Bd. 4, Heft 5, 20. Jahrg. 1912. Straßburg 1913, S. 697—722.

geschaltet und von der nördlich gelegenen Küste her zugeführt sind[1]); es ist ursprünglich in diesen aus organischen Stoffen entstanden und ist nur gelegentlich, infolge von späteren Zerreißungen der Schichten, gewandert. Sein Vorkommen ist an einen Wechsel von Meerwasser und Süßwasser gebunden.

Den besten Einblick in die Schichtenfolge des Tertiärs im Unterelsaß gewann ich durch die im Jahre 1911 ausgeführte Untersuchung von rund 2500 m Kernen aus Bohrungen, welche von der Deutschen Erdölgesellschaft ausgeführt worden waren. Bituminöse Sandsteine fand ich in den untersuchten Kernen nur in Süßwasserschichten, bituminöse Mergel auch in marinen Schichten. Die reichsten Öllager befinden sich dort, wo Süßwasserschichten mit fossilreichen Schichten wechsellagern. Anhydritführung schließt die Bildung von Erdöl aus, es fehlen diesen Schichten auch Versteinerungen. Das Hauptvorkommen des Erdöls im Unterelsaß gehört der Schichtenfolge an, welche im Oberelsaß keine, oder doch nur ganz untergeordnet technisch verwertbare Mineralien hinterlassen hat, der „Versteinerungsreichen Zone“. Die Kernbohrungen haben meine Ansicht, die ich früher auf Grund von wenigen Tatsachen ausgesprochen, für das Unterelsaß als richtig erwiesen. Meine Ansicht ließ nur eine verhältnismäßig beschränkte Verbreitung des Erdölvorkommens zu und ließ es als angezeigt erscheinen, nur im Anschluß an die bisherigen Aufschlüsse weiter zu arbeiten. Mehrfach über die Möglichkeit der Erbohrung von Erdöl in der Pfalz befragt, habe ich mich immer dagegen ausgesprochen und eine ganze Reihe von Bohrlöchern ist ergebnislos verlaufen, spricht also zugunsten meiner Ansicht. Als man mit mehrfachen Hinweisen in Zeitungen bei Ostwald, südlich von Straßburg, Erdöl mit Sicherheit zu erbohren hoffte, habe ich mich gegen die Möglichkeit des Vorkommens ausgesprochen[2]). Das Ergebnis war ein ungünstiges, Erdöl wurde nicht gefunden[3]). Dagegen wurde das Vorkommen von Salz festgestellt, nicht aber von Kalisalz.

Keine der zahlreichen Bohrungen im Oberelsaß hat Öl in nennenswerter Menge aufgeschlossen. Das Salzgebiet schließt, wie es scheint, das Erdölvorkommen aus. Das Bitumen ist in ihm in Schiefern angereichert (bituminöse Zonen bei Förster), die kein Öl abgeben. Sie sind aber sichere

---

[1]) Zum Vergleich ist eine Äußerung von Stoller bemerkenswert, wonach die Erdölbildung hauptsächlich in die Perioden von Meerestransgressionen größeren Ausmaßes und örtlich (Lüneburger Heide) an die Randregion des niederdeutschen Beckens fällt. (Das Erdölgebiet Häningsen-Oberhagen in der Lüneburger Heide. Archiv für Lagerstättenforschung, Heft 14, Berlin 1913.)

[2]) Neue Bohrversuche auf Petroleum im Rheintal. — Straßburger Post, 1906, Nr. 1316. — „Petroleum“, 1906, 2. Jahrg. Nr. 6, S. 239—241.

[3]) „Petroleum“ 1909, 5. Jahrg. Nr. 18, S. 1043.

Zeugen für die ursprüngliche Entstehung des Erdöles in den Schichten, in denen wir es vorfinden[1]).

Meiner Ansicht steht eine andere[2]) gegenüber, nach welcher das Erdöl aus großer Tiefe auf Spalten in das Oligocän aufgedrungen sein und durch Auflösen des Kalkgehaltes der hier vorgefundenen Kalksandsteine aufnahmefähige Lager geschaffen haben soll. Sie war die Veranlassung zu den Tiefbohrungen, welche im Pechelbronner Gebiet ausgeführt wurden und von denen eine sogar in einer Tiefe von 1117 m in den Buntsandstein eingedrungen war. Dadurch bekam ich Buntsandstein aus dem Untergrund der mächtigen Tertiärablagerungen zu Gesicht, was ich früher nie zu hoffen gewagt hatte[3]). In wissenschaftlicher Hinsicht war das Ergebnis der Bohrungen groß, in technischer Hinsicht sind sie nur eine Mahnung, Versuche zur Aufsuchung der vermeintlichen Erdölherde in der Tiefe zu unterlassen.

Die Schichten, welche im tiefsten Teil des Rheintalgrabens das Tertiär unterlagern, gehen im Bruchfeld von Zabern zutage, und gleichfalls von der Ansicht ausgehend, daß das Erdöl auf Spalten aus der Tiefe aufdringe, hat man schon in den Jahren 1890/91 in diesem stark zerrissenen Gebiet zahlreiche Bohrungen ausgeführt, die zu zahlreichen Verleihungen führten. Später erkannte man die Wertlosigkeit dieser Felder, und sie fielen ins Bergfreie. Das war für die Spaltentheorie eine erste empfindliche Schlappe.

Andere Gebiete als das Pechelbronner konnten also trotz der großen Petroleum- und Benzinnot zur Aufschließung von Erdöl nicht empfohlen werden. Trotz großer Anstrengungen wurde aber auch in ersterem keine Erhöhung der Gewinnung erreicht.

Aber nicht nur die Ansicht über die Entstehung des Erdöls ist von Einfluß auf die Gewinnungsarbeiten, sondern auch die Ansicht über die Art und die Entstehung der vorhandenen Gebirgsstörungen. In ersterer Beziehung kommen rechtsinnige und widersinnige Verwerfungen in Betracht, die sich bei Bohrungen durch Verkürzungen der Schichtenfolge bemerkbar machen, wohl in geringerem Grade auch Überschiebungen, durch welche im Bohrloch dieselben Schichten wiederholt getroffen werden, also

[1]) Wagner, Dr. W., Die Erdöl- und Asphaltlagerstätten im Unterelsaß. — Elsaßlothringische Kulturfragen, Straßburg 1914, 4. Jahrg., Heft 5, S. 268—283. Vgl. S. 282.

[2]) Monke, H. und Beyschlag, F., Über das Vorkommen des Erdöls. — Zeitschr. f. prakt. Geologie, Jahrg. 1905, S. 1—5, 65—69 und 421—426. — Tzschachmann (gefallen bei Verteidigung seiner Heimat Galizien), Die Asphalt- und Erdöllagerstätten im Unterelsaß. — Zeitschrift Petroleum, 9. Jahrg. 1914, S. 841—862. — Meine Entgegnungen auf diese Arbeiten: L. van Werveke, Über die Entstehung der elsässischen Erdöllager. Mitteil. Geol. Landesanstalt von Els.-Lothr., Bd. VI, Heft 1, 1906, S. 1—30 mit 2 Zeichnungen. — Im Asphalt- und Petroleumgebiet des Unterelsaß. — „Die Vogesen“, 8. Jahrg., 1914, S. 123—125.

[3]) s. Anhang Nr. 12.

mit einer scheinbaren Erhöhung der Schichtenmächtigkeit zu rechnen ist. Denkt man sich die Gebirgsstörungen durch einfaches, senkrechtes Absinken der tiefer liegenden Gebirgsstücke entstanden oder durch ebenso vorsichgegangene Heraushebung des höher liegenden, so kann man sowohl geschlossene als auch offene Spalten erwarten, auf welch letzteren Bewegungen von Flüssigkeiten und Gasen stattfinden können. Bei Überschiebungen war ein Druck senkrecht auf die Richtung der Störungen wirksam, und geschlossene Spalten sind von vornherein am wahrscheinlichsten. Offene Spalten können sich dagegen bilden, wenn sie, wie ich annehme[1]), durch Druck in ihrer Streichrichtung erzeugt werden. Diese Annahme erklärt am besten die Möglichkeit der Einpressungen von Salz[2]) in den kalisalzführenden Schichten des Oberelsasses und die breiten Kalkspatgänge im Juragebirge, z. B. bei Pfirt, sowie wenigstens zum Teil die Erzgänge im Gebirge. Die Störungen sind zum Teil erst nach der Ablagerung der ganzen Schichtenfolge aufgerissen, zum Teil aber auch schon während derselben. Wir kennen bedeutende Diskordanzen im Oberelsaß[3]) schon in der älteren oligocänen Schichtenfolge, in der jüngeren bei Kolbsheim[4]) und im Miocän in der Pfalz[5]). Wir müssen also die Möglichkeit des Vorkommens von Diskordanzen auch für das Pechelbronner Gebiet nicht aus dem Auge lassen. Wer nicht tastend vorgehen will, muß alle diese Verhältnisse, die bei Bohrungen schwerer zu erkennen sind als über Tage, berücksichtigen, denn falsche Vorstellungen bedingen unzweckmäßige Arbeit und Mißerfolge in der Förderung. Fällt ein solcher, bei im übrigen gleichbleibenden Verhältnissen, mit der Änderung der Arbeitsrichtung zusammen, so liegt es am nächsten, ihn auf diese zurückzuführen, natürlich auch, wenn umgekehrt sich die Förderung günstiger stellt. Aber auch mit Erschöpfung muß man rechnen.

Das Asphaltvorkommen ist ziemlich beschränkt. Gegen Osten ist es durch das Ausgehende der Schichten begrenzt, gegen Westen durch

---

1) Zusammenhang von Falten und Spalten. Einfallen der Rheintalspalten. — Mitteil. Geol. Landesanstalt von Els.-Lothr. 1916, Bd. 10, Heft 2, S. 101—114.

2) Wagner, Dr. W., Einpressungen von Salz in Spalten der oberelsässischen Salz- und Kalisalzablagerungen. Ein Beitrag zum Aufsteigen des Salzgebirges. — Ebenda, Bd. IX, Heft 2, S. 135—158 mit Taf. I—V und 10 Zeichnungen im Text.

3) L. van Werveke, Die Tektonik des Sundgaues und ihre Beziehungen zur Tektonik der angrenzenden Teile des Juragebirges. Ebenda, Bd. VI, Heft 2, 1908, S. 323—339 mit 3 Zeichnungen. — L. van Werveke, Die Tektonik des Sundgaues, ihre Beziehung zu den Kalisalzvorkommen im Oberelsaß und in Baden und ihre Entstehung. Ebenda, Bd. VIII, Heft 2, 1913, S. 235—271. Vgl. S. 257.

4) Nach mündlicher Mitteilung des Herrn Dr. Wagner. Von der Richtigkeit konnte ich mich an Ort und Stelle überzeugen.

5) Bucher, Walter, Beitrag zur geologischen Kenntnis des jüngeren Tertiärs der Rheinpfalz. — Geognost. Jahresb., 26. Jahrg., 1913, München 1914, 1—103, mit 2 Tafeln.

die innere [1]) Rheintalverwerfung. Gegen S und N sind die Ränder wegen mangelnder Voruntersuchungen nicht bekannt.

Eine den bituminösen Schiefern des Oberen Lias ähnliche Bildung sind die Fischschiefer des Mittleren Oligocäns. Die Möglichkeit, aus ihnen Bitumen zu gewinnen, ist in derselben Weise zu erwägen wie bei ersteren.

Die jüngsten Formationen des Landes, Diluvium und Alluvium, bieten uns heute keine Mineralschätze. Der Abbau der diluvialen Eisenerze gehört der Geschichte an, und es ist keine Aussicht vorhanden, daß er wieder ins Leben treten kann. Nicht unerwähnt soll das Gold der Rheinkiese bleiben, das bis Mitte der dreißiger Jahre des vorigen Jahrhunderts an vielen Stellen durch Waschen gewonnen wurde, wobei ein Tagelohn von 1 bis 2 Fr., selten von 10 bis 15 Fr., verdient werden konnte. Durch die allgemein eintretende Steigerung des Tagesverdienstes und zum Teil durch die Rheinkorrektion kam die Gewinnung zum Erliegen. Es nutzt uns deshalb heute wohl nichts, daß der Rheinkies nach der Berechnung von Daubrée zwischen Rheinau und Philippsburg 114 1/2 Millionen Gold enthalten soll, und daß das Pflaster von Straßburg, soweit Rheinkiesel zur Verwendung gekommen sind, goldreich ist [2]). Oder sollten vielleicht in den gefangenen Russen genügend billige Arbeitskräfte vorhanden sein, um einen neuen Versuch zu ermöglichen, und versprechen vielleicht die neueren chemischen Arbeitsverfahren einen besseren Erfolg als die früher gebräuchliche Behandlung mit Quecksilber (Amalgamierung)?

Gedacht sei auch der Torfablagerungen, einer noch heute vor sich gehenden Kohlenbildung. Torf findet sich in der Umgegend von Stürzelbronn, bei Neudörfel, Dambach und Haspelscheid, doch ist die Sandbeimengung eine sehr große, nämlich 85%, der Wert desselben also ein sehr geringer. Etwas reiner ist der Torf aus dem Ried nördlich vom Hasselfurter Weiher bei Bitsch. Im Gebirge ist nach Bücking [3]) Torf bekannt auf der Nord- und Westseite des Weißen Sees, auf dem Hochfelde (wo er früher für die Eisenhütte von Rothau gegraben wurde), am Schneeberg, am Donon und bei Salm (marais de la Max).

Ich will nun noch einen kurzen Blick auf die nicht lagerartig vorkommenden Mineralien werfen, auf die Gänge. Die Departements-

[1]) L. van Werveke, Der Verlauf der Hauptverwerfungen auf der Westseite des Rheintalgrabens im Elsaß und ihre Fortsetzungen auf französischem und schweizerischem Gebiet. — Mitteil. Geol. Landesanstalt von Elsaß-Lothringen, 1916, Bd. 10, Heft 2, S. 115—137.

[2]) Daubrée, Description géologique et minéralogique du département du Bas-Rhin. Paris-Strasbourg 1852, S. 308—325.

[3]) Das Reichsland Elsaß-Lothringen, S. 44.

beschreibungen und die in ihnen genannte Literatur bieten wertvolle Anhaltspunkte für ihre Kenntnis, die in neuerer Zeit wesentlich durch Herrn Geh. Bergrat Professor Dr. H. Bücking und seine Schüler gefördert worden ist[1]). Ich selbst habe mich mit denselben nie eingehend beschäftigt. Sie finden sich nur in den Kernen der beiden Halbsättel, welche die Vogesen und die Haardt bilden und lassen schon dadurch die Beziehungen zu tektonischen Vorgängen erkennen. Näher will ich auf die Gänge nicht eingehen und nur bemerken, daß es nicht empfehlenswert schien, während des Krieges irgendwo die Inangriffnahme von Bergbau anzuraten. In einem Fall wurde sogar abgeraten.

Der Mehrzahl nach sind die auf Gängen auftretenden Erze Absätze früher auf Spalten verlaufender Mineralwasser. Es ist deshalb folgerichtig, wenn ich an dieser Stelle noch einige Worte über unsere Mineralwässer zufüge. Auch sie gehören zu unseren Bodenschätzen. Trägt man ihr Vorkommen auf eine geologische Karte ein, so erkennt man sofort, daß sie hauptsächlich auf die Trias und das Tertiär entfallen. Im Lias treten nur einige eisenhaltige Quellen zutage, dem Dogger und Malm fehlen Mineralquellen. An der Berührung von Granit und altem Schiefergebirge entspringen die Quellen von Sulzbad und Bussang. Die Quellen von Sulzmatt, obgleich im Buntsandstein gefaßt, entnehmen gleichfalls dem alten Gebirge ihre Mineralbestandteile. Ferner erkennt man durch die Eintragung, daß das am Ostrand der Vogesen und der Haardt sich hinziehende Bruchgebiet besonders bevorzugt ist. Die Wasser sind teils ausgesprochene medizinische Wasser, also Wasser mit einer bestimmten therapeutischen Wirkung, teils eignen sie sich sehr zweckmäßig zu Tafelwasser ohne eine sich bald bemerkbar machende medizinische Wirkung. Leider werden auch von den ersteren manche rein oder in Verdünnung als Tafelwasser vertrieben. Die Mineralwasser, natürliche und künstliche, spielen eine große Rolle bei der Verpflegung unserer Truppen im Felde. Ihre Benützung sollte aber nicht wahllos erfolgen. Nicht der bequemste und billigste Bezug soll maßgebend sein, sondern die chemischen Verhältnisse müssen den Ausschlag geben. Wasser mit ausgesprochen medizinischer Wirkung sind auszuschließen. Mineralwasser mit hohem Kalkgehalt sind für die Truppen im Gebirge zu bevorzugen.

---

[1]) Bücking, Prof. Dr. H., Geologie von Elsaß-Lothringen mit besonderer Berücksichtigung der nutzbaren Mineralien und Gesteine. — Das Reichsland Elsaß-Lothringen, 1. Teil, Straßburg 1898—1901. — Spätere Arbeiten in den Mitteil. der Geol. Landesanstalt. Siehe auch: Meyers Konversationslexikon, Leipzig, 6. Aufl. Elsaß-Lothringen (S. 216—219) mit einer Geol. Karte 1:900000 und Nutzbare Mineralien (mit 1 Karte: Nutzbare Mineralien in Elsaß-Lothringen 1:1350000). Es ist dies die einzige Karte, über die wir bezüglich der Mineralvorkommen verfügen. Sie ist von Herrn Geheimrat Bücking zusammengestellt.

Ich habe Ihnen die Hilfsmittel vorgeführt, welche sich die Geologen schaffen, um die Ergebnisse ihrer Untersuchungen der wissenschaftlichen und technischen Verwertung zuzuführen. Ich habe gezeigt, in welchen Richtungen diese für die Kriegstechnik benutzt und in welcher Weise die Karten unmittelbar Kriegszwecken angepaßt werden können. Ich bin dann zu den Bodenschätzen auf dem eigenen und dem benachbarten feindlichen Gebiet übergegangen und habe Einblick in die wissenschaftlichen Wege gegeben, auf denen wir uns Klarheit über ihre Verbreitung verschafft haben oder noch verschaffen können. Wenn Deutschland bisher in dem unerwartet langen und blutigen Kriege durchgehalten hat, so verdankt es dies neben der Tüchtigkeit des Heeres und der Marine und neben seiner Verwaltung in hohem Grade seinen Bodenschätzen und der Wissenschaft. Kohle, Salz und Kali werden wir auch nach dem Kriege auf lange Zeiten hinaus in genügender Menge haben. Wünschenswert wäre es, neue Gebiete für die Erschließung von Erdöl zu finden. Die Aussichten sind nach meiner Ansicht gering, und Erfolge können nur erzielt werden, wenn die laufenden Arbeiten vom geologischen Standpunkte aus mit größter Genauigkeit verfolgt werden[1]. Wegen der Möglichkeit, Ersatz zu schaffen, habe ich auf die bituminösen Schiefer des Oberen Lias und den Fischschiefer im Tertiär verwiesen. Die Erschöpfung unserer Eisenerzvorräte wird wohl früher eintreten als die mitgeteilte Schätzung angibt, und neue Vorräte werden in D.-Lothringen nicht gefunden werden. Ob man Hoffnungen auf die Eisenerzgänge in den Vogesen gründen darf, wage ich nicht zu beurteilen. Darum ist es notwendig, den Zuwachs in der Hand zu behalten, den uns unsere tapferen Truppen in die Hand gelegt haben. Noch scheinen Untersuchungen notwendig, um das Vorkommen in seinem ganzen Umfang erkennen zu lassen. Den Gangvorkommen anderer Erze ist weiterhin besondere Aufmerksamkeit zu schenken, und wo nach wissenschaftlichem Urteil zu Versuchen geraten werden kann, sollten diese tunlichst gefördert werden. Die Maßnahmen, die unsere Gesetzgebung vor längeren[2] und besonders in den letzten Jahren geschaffen hat, waren leider den Bestrebungen, unsere Bodenschätze zu erschließen, nicht günstig, wir wüßten sonst genau, ob die Kalisalze im Rheintal weiter nach Norden reichen, als sie bis jetzt nachgewiesen sind. Eine Änderung ist daher erwünscht. Pflicht der Geologischen Landesanstalt wird es sein, immer mehr Licht in das Vor-

---

[1] s. Anhang Nr. **13**.

[2] Nach dem Verwaltungsbericht des Herrn Bezirkspräsidenten des Unterelsaß für das Jahr 1893 sind infolge der „vor längerer Zeit und auch im Jahre 1893 wiederholt von einflußreicher Seite gemachten Anstrengungen, den Bergbau durch neue Steuern zu belasten," neue Mutungen auf Bitumen, abgesehen von zwei besonderen Ausnahmefällen, nicht eingelegt worden (S. 29).

kommen unserer Bodenschätze[1]) zu bringen und auf wissenschaftlicher Grundlage die Aufschließung und Gewinnung zu fördern.

Zum Schluß eine Mahnung mit der dringenden Bitte um Beherzigung. Ich richte sie viel weniger an Stellen in der Nähe, als an solche in größerer Entfernung. Wer die Natur am besten kennt, Stoff und Kräfte am besten ausnützt, der ist der Stärkere. Und nur wer den Boden und seinen Untergrund in jeder Beziehung genau kennt, kann ihn nach jeder Richtung voll ausnützen und alle Vorteile erzielen und alle Nachteile vermeiden, die er bietet, im Stellungskrieg natürlich viel mehr als im Bewegungskrieg. Darum müssen wir auch aus der Geologie soviel wie möglich Nutzen zu ziehen suchen, auch nichts unterlassen, was ihrer Weiterentwickelung förderlich sein kann. Das Rüstzeug der Wissenschaft hat noch nie versagt, und man wird später mit großem Bedauern vermissen, was man zu geeigneter Zeit zu erforschen verpaßt hat. Wir wollen sorgen, daß nicht auch beim nächsten Krieg der Vorwurf erhoben werden darf: „Wir waren in geologischer Hinsicht nicht so vorbereitet, wie wir es hätten sein können". Es genügt aber nicht, daß die Vorbereitungen durch den Geologen allein erfolgen, sondern auch von militärischer Seite ist an passenden Stellen eine eifrige Mitwirkung durch die Erlernung der wichtigeren Begriffe der Geologie notwendig[2]). Je voller jeder einzelne seinen Platz ausfüllen wird, was nicht durch Beiseiteschieben des Unbequemen, sondern nur durch ausdauernde, zähe Arbeit an der eigenen Fortentwickelung geschehen kann, umso sicherer werden wir sein, daß wir auch in Zukunft den sich stetig verschärfenden Kampf ums Dasein mit Erfolg bestehen.

---

[1]) s. Anhang Nr. 14.

[2]) Vgl. Kranz, Militärgeologie. — Kriegstechnische Zeitschrift, 1913, Heft 10. Man darf nicht übersehen, daß die Erfolge nicht allein von der Fähigkeit des Geologen abhängen, sondern sehr viel auch von der Stellung, die man ihm einräumt.

Straßburg i. Els., 19. Februar 1916.

Anhang.

1. Über die Tätigkeit des Geologen im Felde herrschen stellenweise noch sehr unrichtige Vorstellungen, die zu beseitigen notwendig erscheint. Mente et malleo heißt der Wahlspruch der bisherigen Internationalen Geologenkongresse. Richtiger würde es für den kartierenden Geologen malleo et mente heißen. Zuerst kommt die Beobachtung, die Feststellung der Tatsachen, bei welchen der Hammer eine große Rolle spielt. Bedächtig muß der Geologe sein Gebiet abgehen und Schritt für Schritt genau ins Auge fassen, was der Boden und das Gelände ihm bieten. Andere Arbeiten irgendwelcher Art stört er dabei nicht. Auf die Beobachtung folgt die Überlegung, was aus den Tatsachen zu folgern ist und wie sie sich für das Ganze verwerten lassen. Der Schluß gibt die Richtung für weitere Untersuchungen, der Hammer zeigt, ob die Schlußfolgerung richtig war, und führt zu neuen Überlegungen. Aus den Einzelbeobachtungen fügt sich allmählich ein Bild des Ganzen zusammen, der innere Bau tritt klar vor die Augen und mit ihm die äußere Gestaltung des Geländes. Nicht immer hat der Geologe eine Wüste vor sich oder ein Hochgebirge, wo die Felsen kahl an die Oberfläche treten, sondern meistens ist die ursprüngliche Schicht durch Verwitterungsprodukte, Schutt und Bewachsung verdeckt. Jedes Plätzchen auszunützen, ist das Ideal der Bodenkultur; sie, die grade die geologischen Karten am notwendigsten braucht, ist dadurch ihr schlimmstes Hindernis. Die ursprünglichen Schichten, den gewachsenen Fels, wie der Volksausdruck lautet, beobachtet der Geologe deshalb selten, denn Steinbrüche u. dergl. sind doch Ausnahmeerscheinungen, meist muß er aus der Verwitterungsdecke seine Schlüsse ziehen. Nur mitunter greift der Pflug tief genug, um das Anstehende zu Tage zu bringen. Aber auch Maulwurfshaufen geben oft gute Anhaltspunkte, und vielfach habe ich auf diese Weise erkannt, daß ich die Kalke der Liasplatte noch nicht erreicht hatte, sondern mich noch in der Höhe der Roten Tone des Oberen Keupers befand. Wurmhäufchen haben mich sogar einmal belehrt, daß ich noch unter der unteren Grenze des Rhät stand, die ich aufsuchen wollte. Es wird meist angenommen, daß der Geologe zahlreiche Aufgrabungen machen müsse, um zum Ziele zu gelangen. Das ist nicht der Fall, er muß mit bescheideneren Anhaltspunkten auskommen. Die Heeresgeologen können sich das zwar jetzt leisten, denn ihnen stehen Arbeitskräfte zur Verfügung, die den Landesgeologen fehlen. Nur in diluvialen und alluvialen Gebieten, wo aus den zu Tage gehenden Schichten sich nicht immer ein Schluß auf die Unterlage gewinnen läßt, muß auch diese zu erreichen gesucht werden, was aber in den meisten Fällen durch einen einfachen Handbohrer geschieht. In älteren Formationen kann der Geologe dagegen sehr oft aus den zu Tage gehenden Schichten den Untergrund bis auf große Tiefen erkennen. Neben dem Hammer sind Lupe, Metermaß und Kompaß mit Winkelmesser die treuen Begleiter des aufnehmenden Geologen, ferner das Thermometer zur Untersuchung von Quellen. Bei Aufnahmen im Diluvium läßt sich neben dem Bohrer ein Fläschchen mit verdünnter Salzsäure zur Prüfung auf Kalkgehalt nicht entbehren. Versteinerungen geben innerhalb mächtiger, gleichmäßig entwickelter Schichten öfters einen Anhaltspunkt zur Gliederung. Belegstücke von Gesteinen und Versteinerungen wandern mit sorgfältiger Fundorts- und Schichtbezeichnung in den Rucksack und aus diesem in die Sammlungen. Karten in möglichst großem Maßstab und in möglichst guter Ausführung, Bleistift und Notizbuch dienen zur Festlegung der Beobachtungen. Ein

Stück Gummi hilft versehentlich unrichtige Eintragungen entfernen. Das stoffliche Rüstzeug des Geologen im Felde ist also ein einfaches. Größer ist das geistige Rüstzeug, eine gründliche wissenschaftliche Vorbereitung. Aber auch die Befähigung oder Veranlagung darf nicht fehlen. Darum ist auch mente et malleo nicht ohne Berechtigung. Die Heeresgeologen müssen immer einen Rückhalt an den wissenschaftlichen Hilfsmitteln der Hochschulen und der Geologischen Landesanstalten haben. Denn nicht alles kann im Felde entschieden werden und vieles bedarf zu Hause genauerer Untersuchungen, teils chemischer, teils physikalischer Art. Bei Massengesteinen z. B. wird man oft ohne mikroskopische Untersuchung von Dünnschliffen nicht auskommen.

2. Von geologischen Karten kleinerer Gebiete sind veröffentlicht worden:

A. in den Abhandlungen:

Bd. I, Heft 2, Straßb. 1877, Geologische Karte des südlichen und südöstlichen Randes des Hochfeldes im Verhältnis 1 : 80000. Aufgenommen von H. Rosenbusch.

Bd. I, 3, 1877, Geologische Karte des Leberthales, 1 : 80000. Aufgenommen von P. Groth.

Bd. I, 3, 1888, Geologische Skizze des Gebirges zwischen der Leber und der Weiß, 1 : 250000, im Text auf S. 180.

Bd. I, 4, 1877, Geologische Karte der Umgebung von Mutzig, 1 : 80000. Aufgenommen von E. W. Benecke.

Bd. III, 1, 1884, Geognostische Skizze der Umgebung von Weiler bei Weißenburg, 1 : 10000. Aufgenommen von G. Linck.

Bd. III, 3, 1889, Geognostische Übersichtskarte des Oberen Weilertales, 1 : 75000. Aufgenommen von E. Cohen.

B. in den Mitteilungen:

Bd. I, 1, 1886, Übersicht über die Lagerungsverhältnisse der Trias am Südrande des Saarbrücker Steinkohlengebirges, 1 : 200000. Entworfen von G. Meyer.

Bd. II, 3, 1890, Geologisch-hydrographische Karte der Umgebung von Straßburg, 1 : 80000. Zusammengestellt von E. Schumacher.

Bd. III, 1, 1890, Geologische Karte des Krontales i. E. und seiner Umgebung, 1 : 25000. Zu einer Arbeit von J. Valentin, Die Geologie des Krontales usw.

Bd. III, 4, 1892, Geologische Übersichtskarte der Umgegend von Mülhausen und Altkirch im Oberelsaß, 1 : 100000. Aufgenommen von Dr. B. Förster.

Bd. IV, 1, 1892, Geologische Karte des Talhorns bei Odern, 1 : 25000. Zu: G. Linck, Geognostische Beschreibung des Talhorn im oberen Amariner Tal, im Text S. 61.

Bd. IV, 4, 1896, Gegend nördlich vom Donon, 1 : 50000. Geologisch aufgenommen von Brunzel 1894.

Bd. IV, 4, 1896, Geologische Karte des Keupergrabens von Balbronn und seiner Umgebung, 1 : 25000. Zu: Alexander Steuer, Der Keupergraben von Balbronn.

Bd. V, 5, 1905, Umgebung von Rothau und von Minières. 2 Kärtchen 1 : 25000. Zu: Müller, Die Eisenerzlagerstätten von Rothau und Framont.

Bd. VI, 1, 1907, Übersichtskarte der Erzvorkommen im oberen Weilertal 1 : 25000. Zu: Ungemach, Die Erzlagerstätten des Weilertales.

Bd. VI, 1, 1907, Gneisgebiet von Markirch, 1 : 25000. Zu: A. Rhein, Beiträge zur Kenntnis des Hornblendegneises und des Serpentins von Markirch i. Els., und zu: L. Dürr, Die Mineralien der Markircher Erzgänge.

Bd. VI, 2, 1908, Übersichtskarte der wichtigeren Glazialbildungen der südlichen und mittleren Vogesen, 1 : 200000. Zusammengestellt von E. Schumacher.

Bd. VII, 1. 1909, Quellenkarte des Sandsteingebirges zwischen dem Eicheltal und Mombronn-Münztal, 1 : 50000. Eintragung der Quellen von E. Schumacher.

Bd. VII. 2, 1909, Geologische Skizze der tertiären Konglomerate südlich von Winzenheim (Oberelsaß), 1 : 25000. Aufgenommen von P. Keßler.

Bd. VII, 4, 1911, Tiefbohrungen im Oligocän des Oberelsaß, 1 : 50 000. Bearbeitet von Dr. B. Förster.

Bd. VIII, 2, 1913, Das Lebertal zwischen Markirch und Leberau, 1 : 25 000. Geologisch aufgenommen von W. Bruhns und H. Bücking.

3. Welche schauderhaften Zustände gelegentlich bei Einzelversorgungen herrschen, mag folgender Fall erläutern, den ich im vorigen Sommer bei einem Hof nördlich von Dieuze, dicht neben einer wichtigen Landstraße beobachtet habe. Der Hof verfügt über 3 Brunnen, die sämtlich mit Pumpen versehen sind, einen vor dem Wohnhaus, einen in der Küche und einen hinter den Stallungen in einem Schuppen. Bei der Besichtigung ließ das Wasser des Brunnens vor dem Hause eine lichte Gelbfärbung erkennen, die von organischen Stoffen herrührte. Bei trockener Witterung, also wenn weniger Wasser im Boden ist, soll die Gelbfärbung noch auffallender sein. Beim Wasser des Brunnens in der Küche war eine Braunfärbung bereits in dem Strahl zu erkennen, den die Pumpe auswarf. Der Brunnen am Schuppen hinter den Stallungen liefert ein farbloses Wasser. Das ganze Hofgelände besteht aus dem Plattendolomit des Mittleren Keupers, dem stärksten Wasserhorizont Lothringens, der von der Rückseite des Hofes her gegen die Straße fällt. Die in den sehr undurchlässigen Untergrund einsickernde Jauche des Misthaufens muß sich dem Grundwasser beimischen und machte sich in dem näher gelegenen Brunnen der Küche viel auffallender bemerkbar als in dem etwas entfernteren an der Straße. Der Brunnen hinter den Stallungen liegt außerhalb des Verunreinigungsstromes, gibt aber nur wenig Wasser.

4. Ich will die Gelegenheit nicht vorüber gehen lassen, ohne Herrn Professor Dr. von Wasielewski sowie dem Herrn Armeearzt Generaloberarzt Dr. Schneider für diesen Auftrag zu danken, welcher mir Gelegenheit gab, auch in schwerer Zeit meinem neuen Vaterland nützlich zu sein, sowie für die ehrende und mich hocherfreuende Auszeichnung, die mir auf ihren Antrag Allerhöchst verliehen worden ist. Ich danke auch allen Herren, welche mich draußen in freundlichster Weise unterstützt haben, durch Führung, Unterkommen und Verpflegung, im Schloß, im Bürgerhaus und im Unterstande. Auch der freundlichen Aufnahme, welche ich bei den Geologen der A. A. von Strantz gefunden habe, besonders seitens ihres Leiters, Herrn Professor Philipp, will ich mit Dank gedenken. Die Woëvre-Ebene und die Maashöhen besuchen zu können, verdanke ich Herrn Major Quehl, damals in Jonville, und Herrn Major Alsleben in Metz.

5. Auf Karten in kleinerem Maßstab sind die gleich großen Gebiete in kleinerer Fläche, auf solchen größeren Maßstabes in größerer Fläche dargestellt. Auf diesen ist zudem eine reichere Gliederung der Fläche möglich, sowie die Einzeichnung zahlreicher Einzelheiten. Statt dieses allgemein üblichen und nicht mißzuverstehenden Ausdruckes ist in neuerer Zeit der Ausdruck: Karten im Maßstab u n t e r oder ü b e r einem bestimmten Maßstab zur Anwendung gekommen. Es wäre gut, wenn er möglichst bald wieder verschwinden würde, selbst wenn er von Buchhändlern wirklich richtig verstanden wird. Er ist unbedingt unrichtig. Die Größe des Maßstabes einer Karte wird durch einen Bruch ausgedrückt. Da nun der Wert eines Bruches im u m g e k e h r t e n Verhältnis zur Zahl des Nenners steht, $^1/_{25}$ z. B. viermal größer ist als $^1/_{100}$, so ist auch der Maßstab einer Karte umso größer, je kleiner die Zahl des Nenners ist. Karten 1 : 25 000 haben also einen größeren Maßstab als Karten 1 : 100 000. Darum ist es klar, daß die Bezeichnung u n t e r 1 : 100 000, die Karten in 1 : 1 bis 1 : 99 999 umfassen soll, falsch ist und durch ü b e r 1 : 100 000 ersetzt werden muß, falls man überhaupt diese ungewöhnliche und leicht zu Mißverständnis führende Bezeichnung beibehalten will. Der Ausdruck größer und kleiner als z. B. 1 : 100 000 ist allgemein gebräuchlich und falscher Deutung weniger ausgesetzt.

6. Ein Aufsatz von Dr. Fr. M. Behr, Zur Entwicklung der Kriegsgeologie, welcher in der in Gelsenkirchen erscheinenden bergtechnischen Wochenschrift „Der Bergbau" veröffentlicht worden ist (29. Jahrg. 1916, Nr. 5 und 6), verlangt, daß aus den Institutsbibliotheken

Deutschlands ohne ängstliche Rücksicht „auf die Möglichkeit oder Unmöglichkeit einer Wiederbeschaffung bei eintretenden Verlusten Karten und Literatur nach der Front gehen müssen, um dort im Kampfe um Deutschlands Bestehen zu helfen". Damit kann ich durchaus nicht einverstanden sein. Ich halte es für unverantwortlich, Karten, die in einer Bibliothek nur einmal vorhanden sind, wie z. B. die Blätter der französischen und der belgischen geologischen Karte in der Bibliothek der Geologischen Landesanstalt, der Gefahr des Verlustes im Felde auszusetzen. Darum habe ich bisher keines dieser Blätter nach auswärts leihweise abgegeben, habe aber stets gerne in den Räumen der Landesanstalt ihre Nachzeichnung gestattet. Nur dadurch wird eine dauernde Benutzungsmöglichkeit gewährleistet, nicht nur von einer, sondern von mehreren Seiten.

7. Der Sattelbau bedingt das auffallende, gegen SW gerichtete bogenförmige Vorspringen der Muschelkalkplatte bis an die französische Nied. Der Bogen ist gegen W geschlossen. Nördlich und südlich vom Sattel bleibt die Platte in den benachbarten Mulden weiter gegen NO zurück, die Bogen sind gegen SW offen. Die Umbiegungen infolge der Sattel- und Muldenbildung wiederholen sich auch in der Lias- und der Doggerplatte (Moselhöhen), wenn auch in etwas weniger ausgesprochener Form. In auffallender Weise kehrt der Sattelbogen in der Malmplatte (Maashöhen) südöstlich von St. Mihiel wieder. Die weitgehende Zerlegung der Platte durch Täler in diesem Bogen ist auf ursprünglich stärkere Zerklüftung im Sattelhöchsten zurückzuführen, desgleichen die Zersplitterung der Doggerplatte in der Gegend von Pont-à-Mousson.

8. Der Grubeningenieur Defline spricht sich im allgemeinen dahin aus, daß der Kohlenreichtum im Gebiet von Pont-à-Mousson wesentlich geringer sei als bei Saarbrücken (The Coal Resources of the World, Toronto, Canada 1913, II, Defline, Les resources de la France en combustibles minéraux, 649—711). Die Kohle bezeichnet er als Gaskohle mit mehr als 32 % flüchtiger Bestandteile und gibt die Menge, die möglicherweise als abbauwürdiger, bis zur Tiefe von 1200 m vorhandener Vorrat in Betracht kommt, zu 330 Millionen Tonnen an. Hierzu ist zu bemerken, daß bei den Schätzungen, die in dem genannten Werk vorgesehen sind, drei Stufen unterschieden werden: sicher, wahrscheinlich und möglicherweise. Für die beiden ersten Stufen gibt Defline keine Zahlen an. Die Beurteilung ist also nicht günstig. Zum Vergleich sei bemerkt, daß die Kohlenvorräte Deutschlands für die Tiefen bis zu 1200 m in der Gruppe sicher mit 56889 und in der Gruppe wahrscheinlich mit 74749 Millionen Tonnen veranschlagt werden. (Bergassessor H. E. Böcker, Übersicht über die Stein- und Braunkohlenvorräte des Deutschen Reiches. In dem obengenannten Werk Bd. III, 821—846.) Die Summe aller Vorräte bis 2000 m Tiefe beträgt 290263 Millionen Tonnen.

9. Ein früherer, als sehr tüchtig bekannter, meines Wissens vor einigen Jahren verstorbener Grubeningenieur Herr Fèvre hat die Kosten für die Anlagen eines Schachtes zu 25 Millionen Franken veranschlagt und die Zeit, mit welcher bis zum Abbau der Kohlen nach Inangriffnahme der ersten Arbeiten gerechnet werden müsse, zu 12 Jahren! Ob das Unternehmen lohnend sein werde, lasse sich nicht voraussagen und man müsse von vornherein mit einem Verlust des Betrages rechnen. Der Versuch könne deshalb, meint Herr Fèvre, nur gemeinsam von allen metallurgischen Gesellschaften des östlichen Frankreichs ausgeführt werden. Diese aber hätten ein so großes sachliches und moralisches Interesse an der Sache, daß sie von dem eingeschlagenen Wege nicht abweichen könnten und ihre bisherigen, bewunderungswürdigen Arbeiten durch gemeinsames Abteufen eines Schachtes krönen müßten. Die Ergebnisse dieses Versuchsschachtes aber müßten abgewartet werden, ehe an weitere Arbeiten gedacht werden könne. (Vergl. den auf S. 33 Anmerk. 2 genannten Bericht.) Allerdings handelt es sich, nach einem anderen Bericht, bei der Ausgabe von 25 Millionen Franken schließlich doch nur um eine kleine Summe, wenn man bedenkt, daß das Meurthe- und Mosel-Departement im Jahre 1907 100 Millionen Franken für den Bezug von Kohlen ausgegeben hat. Unter der von Fèvre gemachten Annahme, daß die Baukosten für die An-

lage des Schachtes sich auf 12 Jahre verteilen, so würden sie rund 2 Millionen im Jahre betragen oder 2 Prozent der Ausgaben für die Beschaffung von Kohlen aus anderen Gebieten. (Gabriel Sépulchre, Le bassin houiller de la Lorraine. — Technique moderne Nr. 3, Mars 1910, Paris).

10. Bemerkenswert ist hierfür eine Äußerung des Ingénieur en Chef des Mines und Professeur à l'École Supérieure des Mines in Paris, de Launay, in einem 1908 erschienenen Werke: „La conquête minérale". Ich gebe die Stelle nach einer Übersetzung von Oebbeke (Die volkswirtschaftliche Bedeutung der mineralischen Bodenschätze, Sonderabdruck aus „Technische Blätter", 5. Jahrg. Nr. 9/10, 11/12, S. 5—6) wieder: „Als im Mai 1871 die französischen Unterhändler auf den Besitz Belforts bestanden, erwirkten sie dessen Besitz durch Austausch eines Terrainabschnittes von 10000 ha an der Luxemburgischen Grenze, nahe bei Longwy, weil die deutschen Geologen glaubten, dort nahezu die ganze Masse der lothringischen Eisenerze vorzufinden, die damals anfingen, wertvoll zu werden und die seitdem die Hauptquelle für die Eisenerzgewinnung beider Länder geworden sind. Der Wunsch, diese damals auf eine Milliarde geschätzten Gebiete zu erlangen, spielte bei der Grenztracierung eine größere Rolle als strategische Erwägungen. Betreffs Villerupt, das uns geblieben ist, fand zwischen Pouyer-Quertier und Bismarck am 13. Mai 1871 eine charakteristische Rede statt. Bismarck wollte noch Villerupt nehmen. Pouyer-Quertier rief aus: „Sie wollen mich zu einem Deutschen machen, mich, einen der größten Aktionäre von Villerupt?" „Gut", sagte Bismarck, mit der von ihm öfter herausgekehrten derben teutonischen Bonhommie, „weinen Sie nicht; ich lasse ihnen Villerupt, aber dann verlangen Sie nichts mehr".

Bemerkenswert, besonders jetzt, sind noch folgende unter Hinweis auf die starke Beteiligung deutschen Geldes im Becken von Briey geschriebenen Sätze desselben Verfassers: „Es ist hier nicht der Ort, die Theorie zu erörtern, die oft bei dieser Gelegenheit aufgestellt wird und nach der es im Interesse des gemeinsamen Friedens läge, zwischen den beiden Völkern ein verzweigtes Netz gemeinsamer Interessen zu errichten: d. h. französisches Geld deutschen Geschäften zuzubringen und mit unseren Erzen ihre Hütten zu versorgen.

Wenn man sich der Vergangenheit erinnert, kann man sich leicht vorstellen, was ein unglücklicher Krieg aus diesen Gruben machen würde, die, schon zum Teil deutsch, so verlockend und nahe der Grenze liegen".

Über die Vorgänge bei der Festlegung der Grenze im J. 1871 vergl. auch Gréau, Le fer en Lorraine, Paris-Nancy, 1908, 33—34.

11. Eine ernste Mahnung, unsere Kalischätze für die Landwirtschaft im gegenwärtigen Kriege tunlichst auszunützen, ist folgende Äußerung von Krische: „Wenn es auch unsinnig ist, an einen Ersatz fehlender Phosphorsäure- und Stickstoffmengen durch das Kali der Kalisalze zu denken, so zeigen diese Erwägungen doch, daß eine zweckmäßige kriegswirtschaftliche Ausnützung der unermeßlichen deutschen Kalischätze dazu beiträgt, die vorhandenen knappen Mengen Stickstoff und Phosphorsäure besser auszunützen oder gar, wie beim Stickstoff, die Gewinnung zu vermehren.

Aus diesen Gründen wäre es kriegswirtschaftlich unverantwortlich, wollte man nicht alles daran setzen, um die Kalisalze voll auszunutzen und die Gunst des Schicksals, das dem deutschen Boden das natürliche Kalimonopol verlieh, vollständig zu gebrauchen, jedenfalls dafür zu sorgen, daß das Kali als Pflanzennährstoff nicht ins Minimum gerät, sondern immer in genügender Menge geboten wird. Grade durch die Knappheit von Phosphorsäure und Stickstoff ist die Bedeutung des Kalis außerordentlich erweitert. Die Kalisalze sind der Grundpfeiler der unentbehrlichen künstlichen Düngung der deutschen Landwirtschaft geworden und die bisherigen Darlegungen weisen wohl eindringlich genug nach, daß eine nachlässige Verwendung der Kalisalze im Kriege die grade in dieser Zeit notwendige äußerste Ausnützung des wichtigsten Hilfsmittels der künstlichen Düngemittel herabsetzen und dadurch gradezu katastrophale Folgen nach sich ziehen würde". (Krische, Dr. P., Die kriegswirtschaftliche Bedeutung der deutschen Kalidüngesalze. — Zeitschrift „Kali", 1916, S. 54).

Während des Druckes ging mir Heft 5 des 10. Jahrganges (1916) der Zeitschrift „Kali“ zu, welche eine mit Ws. gezeichnete, in der genannten Beziehung sehr bemerkenswerte Mitteilung bringt, welche „die Wertschätzung deutscher Kalisalze im feindlichen Auslande“ behandelt. Ich entnehme derselben folgende Sätze: „Sie könnten mich fragen, so führte Herr Victor Cambon in einem Vortrage vor der Société des Ingénieurs Civiles de France unlängst in Paris etwa aus, warum ich bei meiner Betrachtung der Zukunft der französischen Industrie nicht besonders auf die Verstärkung unseres Nationalreichtums durch die Produktion in Lothringen, Elsaß und im Industriebezirk von Saarbrücken so wenig Gewicht lege, da wir doch hoffen können, daß alle diese Gebiete wieder Frankreich zurückgegeben werden dürften. Ich möchte darauf nur antworten, daß ich den Grad der Verwirrung nicht näher anzugeben vermag, der sich für unsere Industrien aus den unmittelbaren Beziehungen zu jenen deutschen Industriezentren ergeben wird. Nur eine einzige Frage ist bisher von den französischen Wirtschaftlern behandelt worden, nämlich die Frage der Kalilager im Sundgau. Wie allgemein berichtet wird, würden wir dort einen Reichtum von 60 Milliarden finden“. Herr Cambon fürchtet aber den Wettkampf der norddeutschen Kaliwerke und sagt, daß es daher notwendig sein werde, eine Verständigung zwischen beiden Gewinnergruppen, also der französischen und der deutschen, herzustellen.

12. Die Bohrungen haben auch Bitumengehalt in Schichten kennen gelehrt, in denen dieses bisher nicht bekannt war. In der großen Tiefe, in welcher sie erbohrt worden sind, haben sie ihre ursprüngliche Beschaffenheit und damit ihr Bitumen bewahrt und erscheinen uns deshalb fremd gegenüber der Ausbildung, in der sie zu Tage gehen oder in wenig tiefen Aufschlüssen vorkommen. Bitumen fand sich in Murchisonschichten des Unteren Doggers, in Jurensisschichten aus 829,6—832,0 m Tiefe und in Costatusschichten des Mittleren Lias aus 841,5—842,5 m. Gleichfalls bitumenführend waren die dazwischen liegenden Posidonienschiefer, doch war dies von vornherein zu erwarten. Die mikroskopische Untersuchung gestattete mit unbedingter Sicherheit festzustellen, daß das Bitumen in den Jurensisschichten, die oolithisch ausgebildet sind, ebenso primär ist wie in dem Posidonienschiefer. (L. van Werveke, Bitumenführende Jurensisschichten aus dem Untergrund des Tertiärs. Mitteil. Philomath. Ges. in Els.-Lothr., Bd. 4, 1911, 330—331. L. van Werveke, Bitumenvorkommen in mesozoischen Schichten des Rheintales. Mitteil. Geol. Landesanstalt von Els.-Lothr. Bd. VIII, Heft 1, 1913, 95—100 mit Taf. 4). Wir sehen aus diesen Funden, daß Bitumen sich ursprünglich in sehr verschiedenen Schichten findet, und es ist nicht einzusehen, warum man grade für die tertiären Vorkommen den Ursprung in tieferen Schichten suchen will.

13. Das geschieht, seitdem die Deutsche Erdöl-A.-Gesellschaft (D. E.-A.-G.) die Gewinnung in die Hand genommen hat, in weit höherem Maß als früher. Noch aber wird, meiner Ansicht nach, den Temperaturbeobachtungen nicht die ihnen zukommende Bedeutung zugemessen, auf deren Wichtigkeit ich schon im Jahre 1895 hingewiesen habe. Die thermische Stufe ist nämlich innerhalb der erdölführenden Schichten infolge chemischer Umwandlungen geringer als in erdölfreien Schichten. Das gilt nicht nur für gleiche Tiefen, sondern es macht sich sogar dadurch geltend, daß in ein und demselben Bohrloch die thermische Stufe unterhalb der Erdölvorkommen wieder zunimmt (L. van Werveke). Wie wichtig die genaue Kenntnis der Schichtenfolge ist, hat z. B. die Untersuchung der Kerne der Bohrung Leitersweiler ergeben (L. van Werveke, Die Entstehung der unterelsässischen Erdöllager erläutert an der Schichtenfolge im Oligocän. Mitteil. Philomath. Ges. in Els.-Lothringen, Bd. IV, S. 697—722), welche 1910/12 von der Internationalen Bohrgesellschaft in Erkelenz abgeteuft worden war. Nachdem 3 andere Bohrungen ohne Erfolg im Hagenauer Forst abgeteuft worden waren, bei denen auch die Ursache des Mißerfolges wegen mangelnder Untersuchung der Proben, die allerdings nur Schlammproben waren, nicht erkannt werden konnte, entschloß sich die Gesellschaft auf meine Veranlassung zur Ausführung einer Kernbohrung von dem Punkte an, wo das Gebirge überhaupt kernfähig war. Sie wurde, ohne auf Erdöl fündig geworden zu sein, bei 648 m Tiefe eingestellt. Die genaue Untersuchung der Bohrkerne zeigte, daß die Schichten, welche bei Pechelbronn das Erdöl führten, noch nicht erreicht waren, trotz der großen Tiefe des Bohrloches. Das Bohrloch war in einem tiefen Graben angesetzt worden, in welchem die flache Lagerung, selbst wenn Öl in größern Mengen vorhanden wäre, seiner Gewinnung nicht günstig wäre. Die Untersuchung stellte außerdem die Möglichkeit in Aussicht, schon in verhältnismäßig geringer Tiefe einen Schluß auf die Tiefenlage der erdölführenden Schichten zu gewinnen (vergl. S. 720 des genannten Aufsatzes), selbstverständlich nur unter der Bedingung, daß eine sachgemäßige Untersuchung durch einen erfahrenen Geologen stattfindet.

14. Als Bodenschätze habe ich nur diejenigen erwähnt, welche gewöhnlich als nutzbare Mineralien bezeichnet werden und deren Gewinnung zum größten Teil dem Berggesetz unterworfen ist. In erweitertem Sinne gehören dazu auch alle überhaupt technisch verwertbaren Gesteine, Kalksteine, Sandsteine, Mergel, Ton, Lehm, Löß, dann Granit und andere Massengesteine. Über ihre Verwendung gibt die Seite 44 erwähnte Zusammenstellung von Bücking, Klüpfel und Wagner Auskunft. Der größte Bodenschatz ist schließlich der Ackerboden. Der jetzige Krieg hat uns aufs deutlichste gezeigt, daß wir dem Boden mehr als je unsere vollste Aufmerksamkeit widmen und ihn befähigt machen müssen, die Volksernährung in weitestem Maße zu sichern. Dabei wird auch die Geologie bei uns wesentlich mehr berücksichtigt werden müssen, als dies bisher geschah. Es ist dies bei der Umänderung der Geschäftsführung der Geologischen Landesanstalt im April 1914 durch die Beteiligung eines Beamten des Ministeriums für Landwirtschaft berücksichtigt worden. Der wenige Monate später erfolgende Ausbruch des Krieges machte alle guten Absichten zu nichte. Wie ich an anderer Stelle (Die geologische Landesuntersuchung in Elsaß-Lothringen. Zeitschrift für praktische Geologie, 16. Jahrg. 1908, 109—113) auseinander gesetzt habe, halte ich es nicht für zweckmäßig, die Blätter der Geologischen Karte 1 : 25000 mit agronomischen Eintragungen zu überlasten. Man soll vielmehr zu besonderen, für den Agronomen berechneten Darstellungen übergehen. Ohne die geologische Grundlage aus dem Auge zu verlieren, können auf solchen die agronomischen Ausscheidungen deutlicher hervortreten, als dies für geologische Karten zulässig ist. Sehr beachtenswert sind in dieser Beziehung die Bemerkungen von W. Graf zu Leiningen-Westerburg in einem Aufsatz „Bodenkartierung" in Petermanns Mitteilungen, 1916, S. 54—55. Landwirtschaftlichen Interessen gilt meine: Übersicht über den geologischen Bau und die geologische Entwickelung des Reichslandes Elsaß-Lothringen und des Großherzogtums Baden (Straßburg i. Els., 1913, 8°, 55 S. mit 9 Zeichn. und 1 Taf.). Ich habe sie gelegentlich der Wanderausstellung der Deutschen Landwirtschafts-Gesellschaft in Straßburg i. Els. vom 5.—10. Juni 1913 zusammengestellt. Es ist von mir in Aussicht genommen worden, dieser Übersicht Beschreibungen der einzelnen Kreise folgen zu lassen, doch kann dies erst geschehen, wenn nach dem Kriege der Geologischen Landesanstalt mehr Kräfte zugeführt werden.

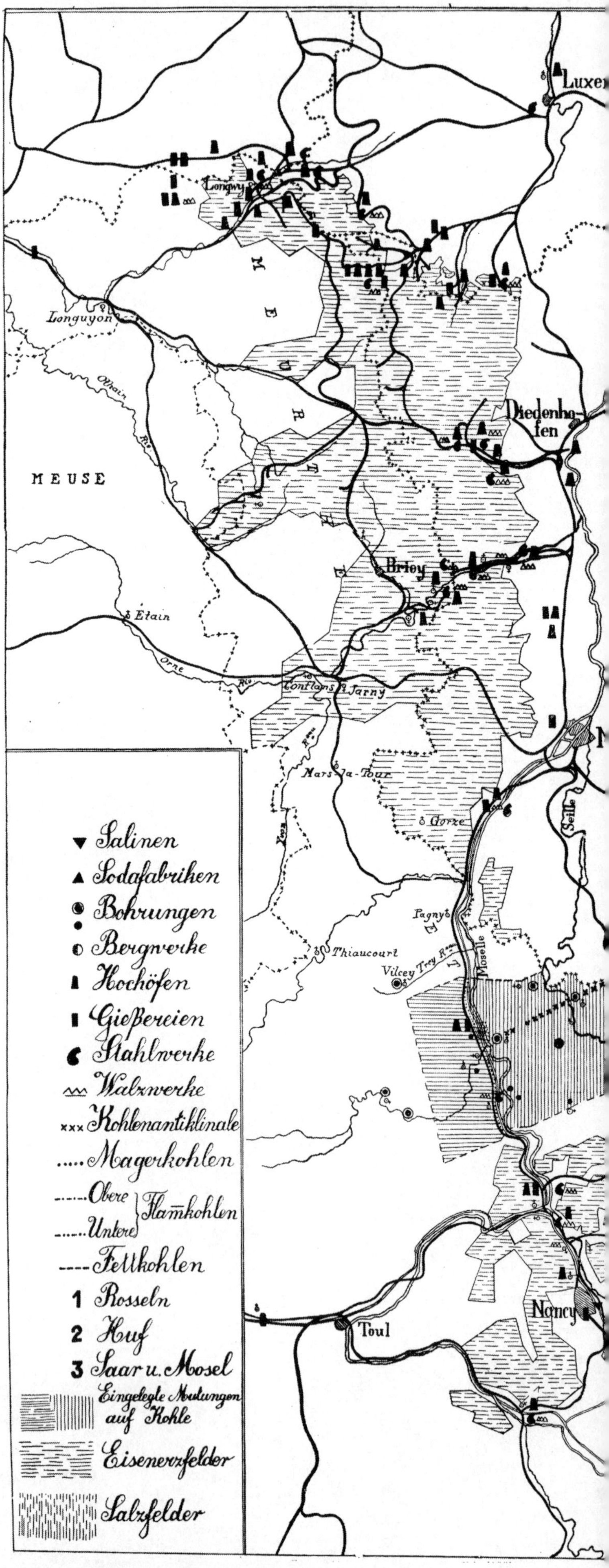

Zu Schriften der Wissenschaftlichen Gesellschaft in Straßburg, Heft 28.

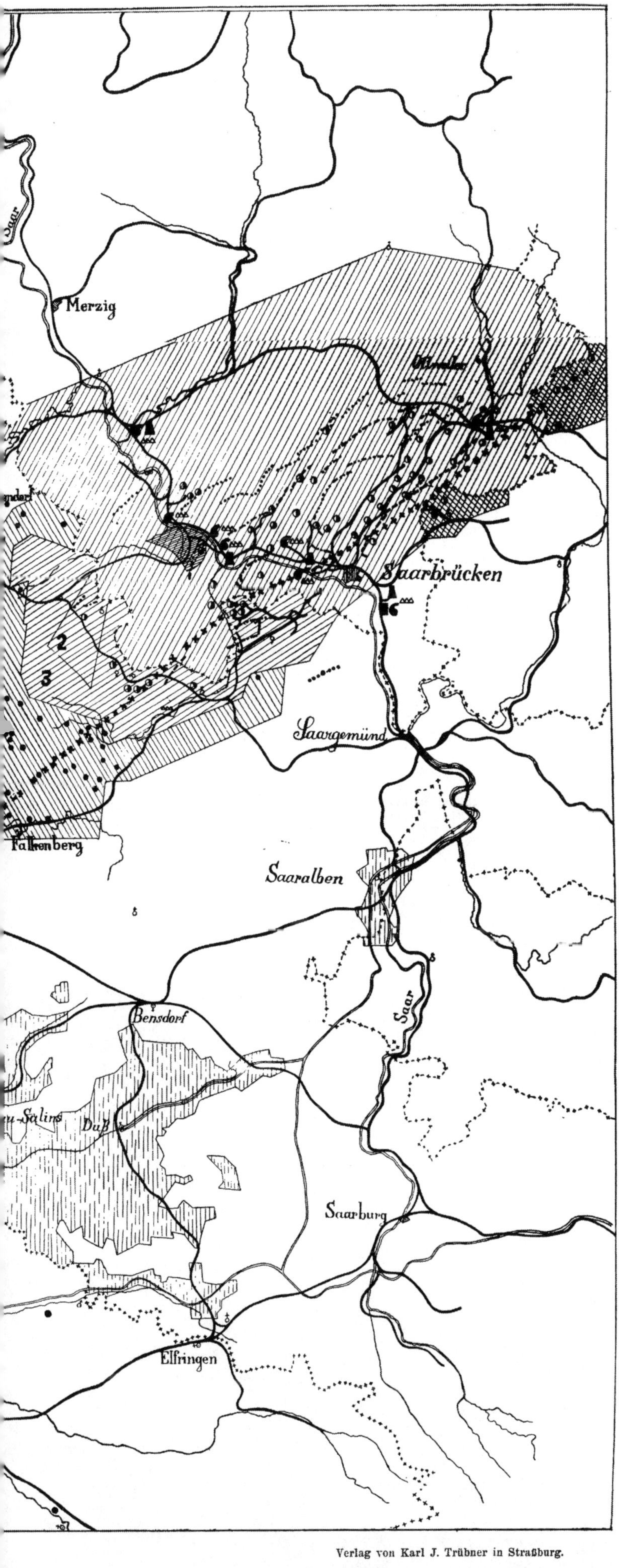

Verlag von Karl J. Trübner in Straßburg.

MIX
Papier | Fördert
gute Waldnutzung
FSC® C083411

Kolibri 360 GmbH
Ferdinand-Jühlke-Straße 7
99095 Erfurt, Deutschland
produktsicherheit@kolibri360.de